일본에서 한 달을 산다는 것

GUCCI
SEIKO
SEIKO
山野楽器
MIKIMOTO

ICHIRAN
一蘭
24時間営業/年中無休
松阪牛
SAKE BAR
M300
天然とんこつラーメン専門店
ラーメン一蘭
旨くて安
居酒屋

여행 같은 일상, 일상 같은 여행

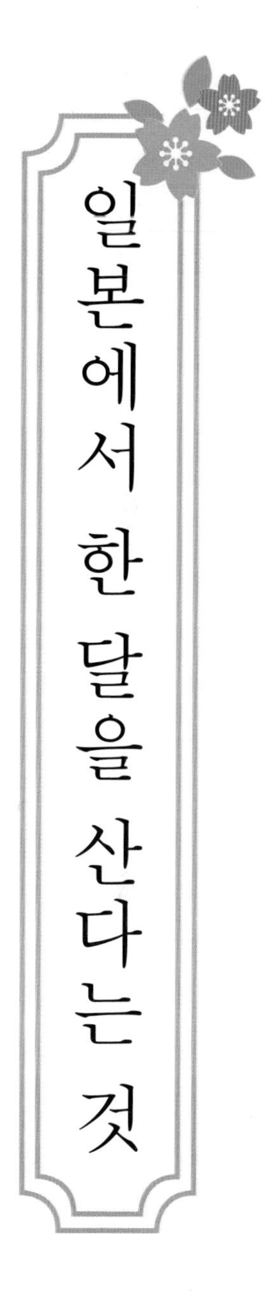

양영은 김민주 김일숙 임지현 한정규 조은혜 전지혜 이다슬 박장희 이채안
최정은 우소연 손경일 윤수연 임경원 김세린 김연경 이미진 김태우 유승아

세나북스

'한 달 살기'라 쓰고 '로망'이라 부른다

"나는 여행지가 아닌 일상 속 여유로운 일본을 맛볼 수 있었다. 그 여유로움 속에서 오는 행복을 느낄 수 있었다. 가고 싶었던 여행지에서 살아보는 것, 배우고 싶은 언어를 배워보는 것, 낯선 곳에서의 긴장감이 어느 순간 일상처럼 익숙해지는 어떤 순간들, 작지만 확실한 행복들…." (본문중에서)

일상이 여행 같다면 얼마나 좋을까? 여행이 일상처럼 편하면서도 가슴 두근거린다면 또 얼마나 좋을까?

일상은 지루하다. 매일 똑같은 나날이 반복되고 하는 일 없이 바쁘다. 이 무한 반복을 끝내고 싶다면 여행을 가야 한다.

여행은 일상 탈출이며 기분전환이다.

이 책의 작가들은 일본을 여행하고 돌아왔거나 여전히 여행 중이다. 장소는 도쿄, 오사카, 교토, 고베, 이바라키, 와카야마, 히로시마, 오키나와, 대마도. 체류 기간은 한 달부터 12년까지! 아니, 책 제목은『일본에서 한 달을 산다는 것』이라면서 12년이라니, 이게 무슨 일이냐고 생각할 수도 있다. 작가들의 일본 체류 기간을 보면

1. 정말 딱 한 달만 살았음.
2. 예전에 장기간 어학연수나 유학을 다녀오고 다시 한 달 살기를 하고 옴.
3. 6개월 정도 체류했는데 일본에 가서 처음 한 달의 이야기를 글로 씀.
4. 수년째 일본에 살고 있지만 매달 한 달 살기 같은 기분으로 살고 있음.
   (아, 가장 이상적이다!)
5. 일본에 살아 본 적은 없지만 한 장소를 30번 넘게 다녀왔고 그곳에서
   한 달 살기를 해보고 싶다고 절실하게 생각함.
6. 2019년 현재 워킹홀리데이를 가서 원고를 작성한 시점이 한 달째였음.

사실 책 기획 단계에서는 일본에 딱 한 달 살아본 분만 모시려 했지만 이게 큰 의미가 없다는 생각이 들었다. 아무리 긴 여행이

라도 처음 한 달이 있으니 그 이야기를 하면 되고 우리가 듣고 싶은 건 한 달간의 여행 이야기라기보다는 '조금 긴 일본 여행에 관한 이야기'이다. 흔히 하는 짧은 여행이 아닌 조금 길어서 일상을 품은 일본에서의 여행과 생활은 어땠을지 궁금하다. 그 여행에서 작가들이 무엇을 느끼고 얻었는지를 보며 공감하고 비슷한 여행을 계획할 수도 있다.

실제로 책에는 일본에서 한 달 살기를 계획하는 분들에게 도움 되는 실질적인 내용이 많다. 일본 한 달 살기에 어디가 좋을까 하는 지역 선정부터 어떤 숙소를 선택하면 좋을지도 알 수 있다. 해당 지역에서의 생활에 도움이 되는 작은 팁도 가득하다. 작가들은 모두 자기가 살아본 지역을 적극적으로 추천한다. 책을 읽고 나면 당장이라도 다 가서 살아보고 싶어질 것이다.

한 달 이상 머무는 여행에서는 관광객도 아니고 그렇다고 완벽한 현지인도 아닌 반쯤 걸쳐져 있는 생활을 경험할 수 있다. 마치 그곳에 살고 있는 사람이 된 듯한 기분도 느껴진다. 한 달 동안 일본 직장인처럼 생활해 보고 싶은 로망을 실현하기 위해 일본 한 달 살기를 한 작가도 있다. 현지인의 일상을 보는 재미도 있다. 화려하거나 치장된 겉모습만이 아닌 소소하고 정감 있는 일상을 볼 수 있다.

일반적으로 한 달쯤 되는 여행은 생업을 해야 하는 성인에게 쉽지 않다. 실행이 쉽지 않기에 로망인지도 모른다.

교환학생으로 갔거나 어학연수를 간 작가들의 목표는 '일본어 공부'다. 현지에서의 아르바이트 경험 이야기도 다양하게 펼쳐진다. 또한 프리랜서인 작가들은 아주 당연(?)하게 일을 가지고 일본으로 떠난다.

여행인 것 같은데 공부도 해야 하고 일도 해야 한다. 현지 커피숍이나 숙소에서 하루종일 일만 한 날도 있다. 유학이나 워킹 홀리데이로 간 작가들은 아르바이트하면서 즐거운 경험도 하지만 생각하기도 싫은 힘든 일을 겪기도 한다. 하지만 일본어 공부에 일도 해야 한다는데 이들의 여행이 왜 이리 부러운 거지?

한국에서라면 그냥 공부고 일인데 '일본에서의 한 달 마법'은 일상의 뻔한, 어쩌면 좀 하기 싫은 일조차 멋진 좋은 추억으로 만들어버린다. 일본 번화가의 스타벅스에서 커피 한잔을 마시며 노트북으로 일하기는 그 자체로 누군가의 로망이다. 일본에서 일본인 친구들과 어울리며 배우는 일본어는 분명 평생의 추억을 만들어 주고 일본어 실력까지 선물로 안겨준다.

이쯤 되면 일본에서 한 달 살기는 가성비로도 최고의 선택이다. 돈도 벌고 목적도 달성하고 추억도 쌓고 기분전환도 된다.

또한, 짧다면 짧은 한 달의 여행이 인생을 바꾸는 기회가 되거나 나 자신을 찾는 계기가 되기도 한다. 여행을 통해 자신이 진정 뭘 좋아하는지 알게 되거나 마음의 짐을 벗어놓는 치유의 시간이 되기도 한다. 심지어 평생 하고 싶은 일이자 꿈을 찾은 작가도 있다.

왜 그런 것일까?

현대인의 가장 큰 문제는 자기 자신을 찾지 못하는 데 있다. 내가 진정 원하는 것이 무엇인지를 깨닫는 순간, 그동안 우리를 괴롭히던 많은 문제는 저절로 해결된다.

한 달의 여행은 일상과 현재의 모든 굴레에서 벗어나는 시간이 된다. 집을 나서는 순간, 내가 서 있는 길은 여행길로 변하고 다음 날 일본에서 놀러 가고 싶은 장소를 오늘 정할 수도 있다. 오랜만에 가슴 두근거리는 신나는 경험을 할 수 있다.

색다른 환경에서 새로운 사람들을 만나고 신선한 경험을 해보는 시간. 이 시간은 치유와 발전의 시간이자 스스로를 돌아볼 수 있는 명상의 기회다. 그러기에 지금의 일상이 지루하고 힘든 누군가에게 한 달의 여행은 선택이 아닌 필수인지도 모른다.

이 책의 작가님 중 무려 8분이 프리랜서 번역가이다. 프리랜서는 디지털 노마드를 실현할 수 있는 최적화된 직업군이다.

나도 언젠가 노트북 하나만 가지고 매달 도시를 바꿔가며 일하는 디지털 노마드를 실현할 수 있으리라 기대해 본다. 많은 사람이 이런 일상을 꿈꾸고 있지 않을까?

로망을 실현한, 그리고 현재 즐기고 있는 스무 명 작가들의 일본에서의 조금은 긴, 여행 같은 일상, 일상 같은 여행 이야기가 펼쳐진다. 이제, 일본 한 달 여행이 주는 매력에 푹 빠져볼 시간이다.

편집자 최수진

목 차

도쿄

나는 아시아에서 가장 아름다운 도시의 이방인

양영은

한국어는 '아이스 아메리카노 하나 테이크아웃이요' 밖에 안 쓰는 삶을 살던 어느 날, 멍하니 사무실에서 컴퓨터 화면을 바라보고 있었습니다. 문득, 낯선 곳의 이방인이 되고 싶어졌습니다. 프리랜서 영한 번역가 3년 차. 매일 백설기의 완두콩처럼 집에 콕 박혀 미주, 유럽 고객사와 영어로 이야기하다 보니 내가 미국인인가 한국인인가… 모국어를 잊어버릴 지경이었죠.

'나는 이제 낯선 곳의 이방인이 된다. 그럼 어디로 갈까. 어디가 좋을까. 그래, 아시아에서 가장 아름다운 도시, 수천 가지 색채를 지닌 도쿄로 가자!'

디지털 노마드(시간과 장소 구애 없이 일하는 디지털 유목민. 주로 노트북이나 스마트폰 등을 이용해 장소에 상관하지 않고 여기저기 이동하며 업무를 보는 이를 일컫는다), 번역 프리랜서의 최대 장점이 이럴 때 빛을 발하죠. 급하게 비행기 표를 끊고 숙소를 알아보기 시작했습니다. 일본어를 못해서 조금 걱정되기도 했지만, 영어로 어떻게든 의사소통할 수 있겠지, 아니면 요새는 인공지능 번역기도 꽤 괜찮으니까라며 밀어붙였습니다. 지금 생각해보면 정말 대책이 없었달까요.

며칠간 도쿄에 대한 정보를 수집하면서, 대체 도쿄에서 '내가 경험해 보고 싶은 게 뭔지' 곰곰 생각해 보자는 결론을 내렸습니다. 무작정 가기보다는 나만의 기준을 잡아서, 한정된 시간 동안 풍부한 경험을 하면 좋겠다는 생각이었죠. 무엇보다 '일본 직장인의 생활'을 가까이에서 체험해 보고 싶었어요. 일본 직장인처럼 일하고(물론 저는 노트북과 마우스를 들고 카페에서 작업하겠지만), 퇴근 후에는 '오뎅바'나 '위스키바'에서 술도 한잔하고, 편의점에 들러 내일 아침에 먹을 도시락을 사서 집에 가는 거죠!

《세일즈맨 칸타로의 달콤한 비밀》(만화 'さぼリーマン甘太朗'가 원작. 출판사 영업사원인 칸타로가 외근할 때마다 회사 몰래(?) 도쿄의 유명 디저트 집을 찾아다니면서 벌어지는 즐겁고 달콤한 이야기를 그린 드라마)에 나오는 칸타로처럼 퇴근 후에는 도쿄에서 유명하다는 스위츠 집에 들러 보고도 싶었어요. 그래서 다음과 같은 기준을 잡고 숙소를 알아보았습니다.

1. 일본 직장인이 많이 모여 있는 지역에
2. 주위에 작업할 수 있는 카페가 많아야 하고
3. 하네다 공항에서 무조건 가까울 것
   (노트북, 모니터, 키보드, 마우스 등 일에 필요한 장비가 상당히 많음)

4. 주요 지하철 노선이 다 지나갈 것

5. 숙소에 작업용 큰 책상이 있어야 함

이런 조건에 부합하는 곳은 도쿄 '하마마츠초'였어요. 급하게 조건에 맞는 집을 빌려 보려 했지만 적당한 곳이 없어서 어쩔 수 없이 '소테츠 프레사 하마마츠쵸 다이몬'라는 비즈니스호텔을 한 달 예약했어요. 저처럼 일하기 위한 독립된 공간이 꼭 필요해서 공용 숙소에 묵을 수 없는 분은 저렴한 비즈니스호텔을 예약하셔도 좋아요. 호텔에 직접 이메일을 보내서 장기 투숙 할인을 해달라고 요청했습니다. 다행히 할인을 받아서 어찌어찌 숙소와 비행기 표는 해결이 되었습니다.

드디어 두근두근 대망의 출국 날. 출국 2, 3일 전부터 일이 텍사스 소 떼처럼 몰려오는 바람에 한 달 살기 프로젝트는 시작부터 쉽지 않았어요. 공항에서 와이파이를 찾아 메뚜기처럼 뛰어다니며 마감 몇 개를 처리하고 탑승 10분 전까지 일을 한 뒤에 비행기를 타서도 일을 했어요. 일본 문화를 경험해 보러 가는 것 같기도 하고 아닌 것 같기도 하고… 근데 나… 가서 잘할 수 있을까?

한 달 동안 일본 직장인처럼 생활해 보고 싶은 로망을 가슴 한구석에 품고 호텔에 짐을 부렸습니다. 휴, 어찌어찌 도착은 했네요. 번역 프리랜서고, 클라이언트들이 모두 외국에 있어서 미국 시간을 달리는 저로서는 규칙적인 생활이 어렵지만, 그래도 최대한 규칙적으로 일을 해 보고 싶었달까요. 출국 다음날부터 저만의 바쁜 일과가 시작되었습니다. 보통 오전 9시부터 오후 4시까지 호텔 근처 툴리스 커피(TULLY'S COFFEE)에 노트북을 들고 가서 일을 했어요.

점심시간쯤 되면 양복 입은 직장인들이 우르르 몰려나와서 식사를 하고, 길거리에서 담배를 피우는 모습이 인상적이었습니다. 바쁘게 키보드를 누르다가도, 순간 멍하니 창밖을 바라보며 '저 사람들은 어디서 일할까? 직업은 뭘까?' 슬며시 상상을 해보기도 했죠. 이국의 하늘은 청명하고, 공기는 맑고 커피는 맛있고. 망중한이라는 게 이런 거구나.

4시까지 일을 끝내고는 도쿄 시내로 나가서 달콤한 디저트를 먹곤 했어요. 《세일즈맨 칸타로의 달콤한 비밀》에 나오는 앙미츠(굳혀서 정사각형으로 썰어낸 탱탱한 한천을 달콤한 팥앙금과 아이스크림, 신선한 과일과 쫀득쫀득한 모찌(떡)와 함께 담아내어 흑설탕 시럽을 뿌려 먹는 일본식 디저트. 차갑고 쫀쫀하고 달콤하고… 여름에 아주 제격!) 투어도 해봤는데 나카메구로 앙미츠 가게에 가서는 뭘 먹을지 결정을 못해서 결국 앙미츠와 단팥죽을 두 개 다 시켜서 먹었어요.

일본 직장 여성들 사이에서 유명한 케이크 가게 '앙리 사르팡티에 긴자'에서 팬케이크를 먹기도 했죠. 마침 크리스마스가 코앞이라 긴자 거리에 늘어선 건물에 일루미네이션 장식을 해 두었더라고요. 다채로운 빛을 발하는 건물 사이를 걸으며 사진도 찍고, 아무런 생각 없이 해가 어슴푸레 질 때까지 거리를 쏘다녔어요. 적당히 쌀쌀하지만 춥지 않은 청명한 공기가 너무나 인상적이었습니다.

어느 날은 긴자 가부키자에 가부키를 보러 가기도 했어요. '일본어는 히라가나도 못 읽지만 가부키는 보고 싶어!'라고 외치며 긴자로 향했습니다. 저녁때 시간을 잘 맞춰가면 우리 돈 15,000원쯤으로 싱글 티켓을 살 수 있어요. 가부키 공연 중 한 꼭지만 볼 수 있는 표인데, 까마득히 높은 맨 뒷자리에서 봐야 하지만 생각보다 괜찮았어요. 의외로 배경이나 인물이 잘 보이고, 일본어 대사는 '나루호도(그렇구나)'밖에 못 알아들었지만 지루하지 않았어요.

배우가 나올 때 해당 배우를 큰 소리로 응원하는 응원 배틀(?)이 열리거나, 눈 오는 마을이 배경이어서 그런지 검은 옷을 입고 나오는 '쿠로코(무대 장치를 바꿔 주는 스태프)'가 흰옷을 입고 나오는 게 재미있었어요. 우리 쿠로코는 마음의 눈으로 안 보이는 척, 모른척해 주기로 해요. 배경이 마치 움직이는 일본 우키요에 판화를 보는 것 같아서 매우 아름다웠어요.

일본 문화유산인 가부키를 보호하기 위해서 와이파이 및 전자기기 사용을 엄금하는 것도 재밌었어요. 보려면 와서 봐라, 뭐 이런 자존심이 느껴졌달까요. 제 옆자리에는 모녀가 같이 와서 도시락을 먹으며 보던데, 이런 것도 일본 문화의 한 단면이겠죠.

이게 사랑인가, 싫어서

드디어 일본 직장인(?)으로서 맞는 첫 주말! 토요일 저녁에는 제가 사랑해 마지않는 하마마츠초 근처의 맛집 '오이스터 바'에 들렀습니다. 하이볼과 싱싱한 석화를 맘껏 먹을 수 있는 곳이죠! (하지만 지갑은 안 괜찮은…)

첫 주부터 격무에 시달려서 스스로에게 상을 주고 싶은 마음도 조금은 있었달까요? 바에 자리를 잡고 석화 세 개와 하이볼을 주문했습니다. 레몬즙과 토마토 소스를 듬뿍 뿌려서 맛있게 먹고 있는데, 제가 좋아하는 존 레전드의 《Ordinary people》이 흘러나오더라고요.

We're just ordinary people

우리는 그냥 평범한 사람들이니까

We don't know which way to go

어디로 가야할지 몰라

'Cause we're ordinary people

왜냐하면 우리는 평범한 사람들이니까

Maybe we should take it slow

아무래도 천천히 가는 게 좋겠지

순간 아, 이게 사랑인가, 싶어서… 아시아에서 제일 아름다운 도시에서, 좋은 음식과 하이볼을 앞에 두고, 사랑하는 가수의 노래가 흘러나오다니. 마치 저를 위한 자리인 것만 같았죠.

앞뒤 가리지 않고 프리랜서로 자리 잡기 위해서 정말 독하게 노력했던 지난 3년간을 모두 보상받는 듯한, 정말 너무나 황홀한 경험이었습니다.

야마자키 미즈와리 하나요!

하마마츠초에 머무는 동안 출근 도장을 찍은 펍이 하나 있어요. 시작은 그저 야마자키 위스키를 미즈와리(위스키에 물을 타 희석해서 얼음과 함께 즐기는 칵테일. 독한 술을 못 마시는 사람도 위스키의 향기를 즐길 수 있다.)로 즐겨 보고 싶었던 것뿐이었죠.

일본 유명 위스키인 야마자키는 원액이 다 떨어져서 향후 몇 년간은 구할 수가 없다고 해요. 그런 대단한 위스키라니 안 마셔 볼 수가 없지! 하고 '82에일 하우스'라는 이름의 근처 펍으로 혼술하러 2차를 갔어요. 아무런 정보 없이 동네 가게에 들르는 것도 한 달 살기의 묘미 아니겠어요?

미즈와리와 야채스틱을 주문하고 앉았는데 오토시(자릿세)도 받지 않고 안주도 괜찮고, 외국인이 많이 오는지 분위기도 괜찮아서 거의 매일 퇴근(?) 후에 들르는 게 일과가 되었죠. 왠지 모르겠지만 다들 옆 테이블과 스스럼없이 이야기를 나누는 분위기라서, 안 되는 영어와 안 되는 일본어로 즐겁게 이야기를 나누기도 했습니다.

제일 늦게까지 있다가 바 셔터를 닫고(?) 나가는 날도 많았어요. 영어를 조금 할 줄 아는 마스터와 친구가 되어 도쿄에 자주 오는 이유와 좋아하는 음식, 도쿄의 매력에 대해 이야기를 나누기도 했어요. 도쿄를 떠날 때는 라인 아이디도 주고받고 선물로 위스키를 받기도 했답니다. 도쿄에 들르신다면 이 펍에 들러 마스터와 스스럼없이 이야기를 나누어 보시길 바라요. 여러분께 좋은 현지인 친구가 생길 수도 있으니까요.

사람은 추억을 먹고 살아간다

때로는 격무에 시달리며 긴자의 도토루에서 6, 7시간씩 일하고 녹초가 되어 도시락을 사 들고 숙소로 돌아가기도 하고, 읽을 수 없는 문자와 말에 둘러싸여 이방인이 된 기분을 느끼며 하염없이 걷기도 했던 한 달. 짧다면 짧고 길다면 긴 시간이었지만, 도쿄는 제게 잊을 수 없는 추억을 안겨주었습니다.

사람은 추억을 먹고 살아간다고 하죠. 제가 느끼고 들었던 모든 순간들을 고이 접어 두었다가 힘든 일이 있을 때마다 펼쳐 볼 것을 다짐하며, 일본에서 한 달 살기를 계획하는 분들께 제 소중한 추억이 담긴 하마마츠초를 한 달 살기 장소로 추천합니다.

○ **소테츠 프레사 하마마츠쵸타이몬** 相鉄フレッサイン 浜松町大門

주소 東京都港区芝大門1丁目2-7

○ **82에일 하우스 하마마츠쵸점** 82Ale House Hamamatshucho

주소 東京都港区浜松町2丁目1-20 SVAX大門1F

L

오키나와

오키나와,
바다가 있는 한 달

김민주

오키나와 남부 이토만 항. 제방에 앉아 낚싯대를 드리운 지 한 시간이 지났지만, 아직 이렇다 할 반응은 느껴지지 않았다. 약간 지루해져서 주변을 둘러보았다. 낚싯줄을 회수해서 미끼를 교체하는 아저씨, 다리를 방파제 아래에 늘어트리고 뒤로 드러누운 아저씨, 혼자서 낚싯대를 4개나 드리운 욕심 많은 할아버지. 하지만 물고기를 낚아 올린 사람은 아무도 없었다.

다시 고개를 돌렸다. 구름 한 점 없는 하늘에서는 햇볕이 강하게 내리쬈다. 선크림을 덧바르기 위해 낚싯대를 잠시 내려놓으려는 순간, 무언가 낚싯대를 묵직하게 잡아당기는 게 느껴졌다. 아, 이건 진짜다! 다급히 릴을 감아올렸다. 낚싯대 끝에는 내 주먹만 한 가시 복어가 눈을 땡그랗게 뜨고 매달려 있었다.

나는 생애 첫 낚시의 최초 포획물을 들고 의기양양하게 사진을 찍은 뒤 그것을 바다에 방생해 주었다. 그리고 뿌듯한 마음으로 새 미끼를 건 낚싯대를 드리운 후 다시 제방에 걸터앉았다. 뺨을 휘감는 바람과 에메랄드빛 바다, 부서지는 햇살에 마음이 편안해졌다.

한국을 떠나 오키나와에 온 지 20일째의 아침. 바다 앞에 하염없이 앉아있자니 문득 오늘처럼 날씨가 맑던 여행 첫날이 떠올랐다.

우리의 첫 만남은 달콤하지 않았다 - 나하

오키나와 도착 첫날, 공항을 나서자마자 보이는 푸른 하늘과 이국적인 야자수에 가슴이 터질 듯 부풀어 올랐다. 드디어 떠났다. 거의 평생을 바다가 있는 동네에서 살다가 서울로 상경한 지 약 1년. 슬슬 일상이 권태로워짐을 느꼈다. 대도시는 모든 게 편리했지만, 갑갑할 때면 항상 바다를 보러 가고 싶었던 내 욕구까지는 충족해주지 못했다. 1년 동안 바다를 못 봤으니 적어도 한 달은 실컷 봐야겠다. 논리적이진 않지만 그게 내가 한 달의 오키나와 살이를 결심한 이유였다.

첫 행선지는 바로 나하. 모든 인프라가 집중된 오키나와의 중심지이자 옛 류큐 왕국의 수도였던 곳. 처음 만나는 이 도시는 과연 어떤 모습일까? 설레는 마음으로 공항에서 모노레일을 타고 나하로 이동, 예약했던 게스트하우스에 당도했다.

리셉션의 친절한 직원은 체크인 수속을 도와준 후 2층에 있는 방으로 안내해 주었다. 짐 정리를 하고 건물 바깥으로 통하는 계단으로 나오니 푸른 바다가 보였다. 순간 가슴이 뻥 뚫리는 듯했다. 이때까지는 내 여행이 핑크빛으로만 가득할 줄 알았다.

시간이 지나면서 불만은 조금씩 쌓이기 시작했다.

우선은 대중교통. 나는 외국은커녕 국내에서도 차를 못 모는 극악한 운전 솜씨를 가졌기에 차를 빌리지 않았다. 뭐, 유명한 관광지니 버스가 어느 정도는 잘 배치되어 있겠지, 이렇게 생각한 탓이었다. 하지만 내 예상은 처참히 빗나갔다.

오키나와 버스의 노선 수와 운행 대수는 정말 빈약했으며 심지어는 구글 지도에서 노선을 검색할 수도 없었다. 게스트하우스와 가장 가까운 모노레일 역은 걸어서 30분. 중심가까지는 걸어서 40분. 버스? 없었다. 덕분에 만보기에 매일 2만 5천 보 이상을 찍는 기염을 토했다.

다음으로는 음식. 여행 첫날 나하의 부엌이라 불리는 마키시 공설시장에 갔다. 1층 수산시장을 지나 2층 식당가로 들어서자 각 식당 앞에 서 있던 직원들이 서로 자기 가게로 오라며 부담스러운 호객을 시작했다. 나는 그중 한 식당에 들어가 오키나와의 전통음식 소키소바(족발 국수)와 회를 시켰다.

하지만 오, 세상에. 국수 안의 족발은 해동을 덜 해 겉은 뜨겁고 속은 차가웠으며 면발에서는 밀가루 비린내가 심했다. 게다가 회도 그다지 싱싱하지 않았다. 아니, 1층이 수산시장인데! 이 외에도 정보를 찾지 않고 무작위로 들어간 밥집은 하나같이 맛이 없었다. 나중에 알아보니 오키나와 별명이 '맛집 불모지'였다.

하지만 아직은 괜찮았다. 그래도 맛집 정보를 듣고 찾아간 밥집은 맛있었고 많이 걸으면 건강해질 것이며, 슈리성은 아름다웠고 오키나와 사람들은 친절했으니까.

쌓였던 불만에 결국 불이 붙은 건 나하 여행이 거의 끝나가던 어느 날 밤. 나는 게스트하우스의 공용 라운지에 앉아 노트북으로 일을 하고 있었다. 내 뒤에서는 스텝들이 모여 술판을 벌이고 있었는데, 문득 한 여자의 말이 내 귀에 꽂혔다.

"캉코쿠징와 키라이데스(한국인은 싫어요)."

응? 그녀의 말에 다른 스텝들이 당황하며 되물었다. 그녀는 아주 또박또박 방금 했던 말을 다시 내뱉었다. 스텝들은 웃으며 '뭐 그렇지'라는 등 동의하는 기색을 내비쳤다. 이어 들려오는 한국인들은 술 취하면 어쩌고저쩌고.

아늑하던 라운지가 갑자기 가시방석 위처럼 불편해졌다. 이윽고 억울함이 밀려왔다. 이게 말로만 듣던 혐한인가? 내가 왜 여행 와서 돈 쓰고 이런 말을 들어야 하지? 쟤들은 내가 일본어를 알아들으면 어쩌려고 내 앞에서 대놓고 저럴까? 이런저런 의문에 불이 붙기 시작해 그동안 쌓여 있던 불만의 폭탄을 터트렸다. 힘들기만 한 이곳에서 도대체 나는 뭘 하고 있는 걸까?

나는 그 자리에서 핸드폰을 들고 오키나와 여행 커뮤니티에 방금 있던 일을 올렸다. 그리고 이틀 뒤 체크아웃하면 숙소 후기를 적을 수 있는 모든 플랫폼에도 이 일을 공유하리라고 다짐하며 잠을 청했다.

한 번 정이 떨어지자 여행은 단번에 회색빛으로 물들었다. 물론 토마린 수산시장의 저렴하고 싱싱한 각종 회는 환상적이었고, 슈리성의 야경 스팟에서 바라보는 밤의 나하는 아름다웠다. 그래도 그곳을 얼른 떠나고만 싶었다. 드디어 다가온 체크아웃 날 아침, 일본인 직원이 방으로 찾아왔다.

"머무시는 동안 불쾌한 경험을 하시게 해서 죄송합니다. 사과드리고 싶으니 준비가 다 되면 리셉션으로 와 주십시오."

리셉션 사무실에는 한국인 직원이 대기하고 있었다. 그는 나에게 사과하며 갈색 봉투를 건네주었다. 봉투 안에는 한국어로 적힌 사장님의 사과 편지와 내가 냈던 숙박비가 들어있었다. 이 직원은 내가 여행 커뮤니티에 올린 글을 읽고 바로 전 사원에게 메일을 돌렸다고 한다. 그 후, 사과하고 전액 환불 조치하라는 사장님의 지시를 받았다고 한다.

그날 문제의 발언을 한 그녀는 청소 아르바이트였다. 예전에 한국인 단체 관광객이 머물고 간 적이 있는데, 그들이 술에 취해 다다미에 토를 하고 샤워실에 대변을 지려놓는 등 온갖 신상은 다 부리고 간 탓에 굉장한 고생을 했다고 한다.

그 이야기를 듣자 부끄러워 얼굴이 홧홧해졌다. 비록 손님이 알아듣지 못하리라 생각하고 일본어로 대놓고 욕을 한 건 잘못이라 할지라도, 그녀에게는 한국인을 싫어한다고 말할 이유가 있었다. 아르바이트를 한 번이라도 해본 사람이라면 약간은 그녀에게 공감할 수 있으리라. 결국 그녀는 한국인을 혐오한 게 아니고 진상 고객을 혐오한 것이었다.

직원과 대화를 나누고 얼마 있지 않아 사장님이 와서 나에게 고개를 숙이며 사과했다. 여러 번의 사과와 나름의 보상을 받고 나니 마음이 풀렸지만, 그렇다고 오키나와 여행이 다시 처음처럼 즐거워지진 않았다. 이곳에서 한 달을 버틸 수 있을까?

그런 걱정을 하며 오키나와의 중남부 자탄초로 가는 버스에 몸을 실었다.

바다는 모든 것을 치유한다 - 자탄초

버스를 타기 전 했던 걱정이 무색하게도 자탄에 도착한 후

내 기분은 아주 좋아졌다. 철썩이는 파도가 바로 보이는 테라스에서 칵테일 몇 잔을 여유롭게 즐겼기 때문이다. 그것도 환불받은 돈으로.

다음 숙소인 자탄의 스나베는 거친 파도가 몰아치는 바다 옆에 제방이 높게 쌓여 있는 곳이다. 이 제방을 따라 호텔과 세련되고 아기자기한 가게들이 늘어서 있었는데, 그중 제일 내 마음에 든 곳은 바로 '트랜짓 카페'였다. 화이트톤으로 정돈된 세련된 이 카페는 2층에 자리 잡고 있어서 테라스에 나가면 확 트인 시원한 바다를 감상할 수 있다. 서퍼들이 파도 타는 모습을 구경하며 마시는 시원한 샹그리아 한 잔은 가슴속에 남아있던 불쾌감을 한 방에 날려버렸다.

게스트하우스에 숙박하며 불미스러운 경험을 했기에, 나하를 떠나기 직전에 호텔을 예약했다. 8인 1실을 사용하다 나 혼자만의 공간을 가지게 된 것도 아마 기분 전환에 큰 역할을 했으리라. 호텔에서 하루를 푹 쉬고 다음 날부터 본격적인 자탄초 탐험을 시작했다.

스나베에서 제방을 따라 바다를 구경하며 3~40분 정도 걸어가면 '아메리칸 빌리지'라는 큰 쇼핑타운에 갈 수 있다. 이국적인 형태로 지어놓은 건물들에 각양각색의 가게가 입점해있어 이곳저곳 시간 가는 줄 모르고 구경할 수 있었다. 쇼핑센터 밖의 큰 사거리로 나오니 기타를 든 뮤지션 한 명이 길거리 공연을 하고 있었다. 수준 높은 연주와 노래를 들려주고 있었음에도 관객이 몇 명 없어 명당자리에 앉아 아주 편안하게 음악을 감상할 수 있었다.

그렇게 몇 곡을 감상한 후, 지인의 추천을 받아 알아둔 아메리칸 빌리지의 선셋 워크 길에 있는 이자카야 한 곳에 들어갔다. 바닷가에 있어 파도 소리를 들으며 시원한 맥주를 즐길 수 있는 낭만적인 가게지만, 솔직히 친절도와 음식의 가격대비 맛과 양은 기대에 미치지 못했다. 그래, 난 지금 음식의 맛이 아닌 관광지 감성을 즐기러 온 거니까. 그렇게 되뇌며 파도 소리를 안주 삼아 맥주를 마셨다. 다행히 맥주는 아주 맛이 좋았다.

그 후, 다시 스나베로 돌아와 부족했던 2%의 알코올을 채우기 위해 숙소 근처의 펍으로 향했다. 하지만 그 부근의 술집들은 거의 오키나와 주둔 미군을 상대로 영업을 하는지라, 그들의 통금인 12시에 맞춰 문을 닫는다. 내가 갔던 펍 또한 마찬가지였기에 맥주를 딱 한 잔만 더 마실 수 있었다.

아쉬움을 뒤로하고 가게를 나와 호텔 쪽으로 걸어가는데 뒤통수에 들리는 한 마디. “해브 어 굿나잇!” 뒤를 돌아보니 귀엽

게 생긴 남자 바텐더가 밖에 나와 손을 흔들며 인사해 주고 있었다. 왠지 기분이 좋아져 나도 활짝 웃으며 인사를 돌려주었다.

스나베에서는 매일 느지막이 일어나 예쁜 카페에서 간단한 식사를 하고 커피를 마신 뒤 제방 위를 산책했다. 그러다가 다리가 피곤하면 제방 위에 앉아 바다를 바라보는 여유를 즐겼다. 세차게 몰려왔다 빠져나가는 파도를 바라보고 있으면, 마음속의 찌꺼기도 깨끗이 씻겨나가는 듯한 기분이었다. 또, 저녁에는 힐튼 리조트 앞의 계단식 둑에서 캔맥주를 마시며 석양이 지는 바다를 감상하기도 했다.

만약 짧은 여행이었다면 나는 이런 여유를 알지 못한 채 나쁜 기억만 안고 돌아갔겠지. 순간 모 숙박업체의 광고문구가 떠올랐다. 이래서 여행은 살아봐야 하는 거라고 했구나.

자탄의 평화로운 시간도 어느새 끝이었다. 다음 목적지는 중북부의 만좌모. 그곳의 바다는 과연 어떨지 기대감이 가득 차올랐다.

BEACH
chatan rib's
OUTLET-J
MERICAN
VILLAGE

북부로 떠날 때는 친구 찬스를 썼다. 예전에 했던 통역 일을 계기로 계속 인연을 이어오던 오키나와 친구 준. 그가 고맙게도 휴일 하루를 통째로 들여 오키나와 북부 모토부의 투어를 해주기로 했다.

이날은 날씨가 유난히도 화창해 고속도로를 달릴 때부터 구름 위를 나는 듯 기분이 좋았다. 오키나와의 날씨는 꽤 변덕스러워서 흐린 날이 많은데, 이날은 로또에 맞은 것처럼 구름 하나 없는 쾌청한 날씨가 우리를 기다리고 있었다. 북부로 가는 해안도로의 풍경도 시원했다.

휴게소에 들러 간식거리와 수족관 티켓을 구입하고 점심을 먹으러 모토부에 있는 기시모토 식당에 갔다. 이곳은 오키나와 소바로 유명한데, 오래된 맛집이라는 명성에 걸맞게 정말 맛있는 소바를 먹을 수 있었다. 원래 오키나와 소바를 그다지 좋아하지 않았지만, 담백한 국물과 간이 잘 배인 부드러운 돼지고기가 식욕을 자극해 금세 한 그릇을 뚝딱 먹어치웠다.

그리고 대망의 츄라우미 수족관. 해양 엑스포 공원에 들어갈 때부터 보이는 코발트블루 빛 바다에 기대감은 배가 되었다.

아니나 다를까, 수족관에 들어가자마자 '아~'하고 탄성이 나왔다. 츄라우미 수족관은 자연광이 그대로 들어올 수 있도록 설계되어, 맑은 날이면 하늘에서 내려오는 햇살이 수조를 비춰 아름다운 풍경을 연출한다. 우리가 간 날이 딱 그랬다.

마침 시간도 해가 중천에 걸린 낮 12시. 파란 수족관 안에 여러 갈래로 부서져 내린 따듯한 햇살, 각양각색의 물고기, 산호가 만들어내는 풍경에 감탄밖에 나오지 않았다. 친구도 이렇게 좋은 날씨에 츄라우미 수족관에 온 것은 처음이라며 싱글벙글거렸다. 계단에 앉아 위를 올려다보면 마치 수조 안에 들어간 것처럼 느낄 수 있는 공간이 있었는데 그곳에서는 둘 다 말없이 한참을 앉아있었다. 오키나와 말로 '츄라'가 아름답다는 뜻이라더니, 과연 이름값을 제대로 하는구나 하면서.

그 후 향한 곳은 비세자키 가로수길. 먼 옛날 비세자키 마을에 비바람으로 인한 피해가 심각해지자, 당시의 왕이 가로수를 심어 집을 보호하라는 명령을 내려 만들어진 길이라고. 그분 덕에 마을도 안전해지고 우리도 좋은 구경을 할 수 있게 되었으니 감사할 따름이다.

가로수 길에 들어서자 나뭇잎 사이로 들어온 햇빛이 비처럼 쏟아져 현실적이지 않은 풍경을 자아냈다. 우리는 이 풍경이 지나가는 게 너무 아까워 아주 천천히 걸었다. 가로수길을 빠져나가자 맑은 에메랄드빛 해변이 나왔다. 그 안에는 열대어처럼 보이는 파란색 물고기들이 유유히 헤엄치고 있었고, 먼 곳에선 바다가 깊어지는 경계가 에메랄드빛과 코발트 블루빛으로 나뉘어 있었다. 내 글이 풍경을 다 담지 못해, 또 이런 진부한 표현밖에 쓸 수 없어서 안타깝지만, 그저 아름답기만 했다.

투어의 마무리는 만좌모. 만 명이 앉을 만큼 넓은 바위라 해서 붙여진 이름이다. 절벽 아래로 보이는 깊은 바다와 거센 파도 그리고 석양에 물든 갈대는 모토부에서의 멋진 하루를 완벽하게 마무리해 주었다.

북부의 숙소로는 만좌모 인근의 에어비앤비를 빌렸다. 다음날 아침 눈을 뜨자마자, 두 개의 큰 창으로 보이는 산과 시골 마을의 풍경에 마음이 느슨해졌다. 이곳에서는 한번 게으르게 살아봐야겠다. 창으로 들어오는 해를 맞으며 늘어지게 낮잠을 자고, 음악을 들으며 바닷가를 산책하고, 동네 맛집이나 찾아다니는 나날을 보내야지. 그날 아침은 그런 결심을 했다.

결심한 대로 게으르게 살던 나에게 어느 날 라인 메시지가 하나 날아왔다. 낚시하러 갈 날짜와 장소를 정했는데 그날 스케줄이 괜찮냐는 질문이었다.

낚시? 무슨 낚시? 하며 고개를 갸웃대다 '아~!'하며 무릎을 '탁' 쳤다. 메시지를 보낸 사람은 나하에 있을 때 개인적인 인연이 있는 류큐대학 교수님께 소개받았던 노하라 씨. 술자리 도중 오키나와에서 제일 하고 싶은 게 뭐냐고 내게 묻기에 낚시를 해보고 싶다고 대답하자, 그렇다면 우리가 데려가 주겠다고 약속하셨더랬다. 오키나와 사람들은 나이치(오키나와에서 일본 본토를 지칭하는 말) 사람들과 달리 빈말은 하지 않는다고 호언장담하시더니, 정말로 준비해 주셨을 줄이야.

나하에서 하루를 묵고 아침 6시에 노하라 씨와 만나 길을 나섰다. 목적지는 오키나와 본섬 남부의 이토만 항구. 가는 도중에 낚시 가게에 들러 낚싯대를 대여하고 미끼로 쓸 새우와 지렁이, 떡밥 등을 구매한 후, 노하라 씨의 후배 한 분과 합류해서 항구로 갔다.

항구에는 이른 시간부터 꽤 많은 사람이 낚싯대를 드리우고 있었다. 낚시할 자리가 있을까 걱정하니, 노하라 씨가 "제일 밑의 후배 한 명에게 자리를 맡아두라고 했으니 괜찮아." 그렇게 말하고는 내가 후배가 아니라 다행이라며 호쾌하게 웃으셨다.

알고 보니 오키나와는 선후배 사이의 위계질서가 철저해서, 선배가 다소 무리한 부탁을 해도 후배는 웬만하면 들어줘야 하는 분위기라고. 왜 내가 그 후배에게 죄송한 마음이 드는 걸까.

그분이 자리를 맡아놓은 제방으로 가서 본격적으로 낚시할 준비를 했다. 떡밥을 섞고, 낚싯줄에 낚시 추와 바늘을 달고 미끼를 끼웠다. 낚시가 처음이었지만 걱정은 되지 않았다. 같이 있던 분들이 낚시 경력 20년이 넘는 베테랑이라 하나하나 잘 가르쳐 주셨다. 낚싯대를 드리우고 제방에 걸터앉았다. 햇빛은 약간 따가웠지만 시원하게 불어오는 바람에 기분이 좋았다.

"앗!"

멍하니 여행을 곱씹어 보다, 또다시 뭔가 걸리는 느낌이 나서 황급히 릴을 감았다. 딸려 올라온 것은 또 눈을 땡그랗게 뜬 가시 복어. 이 귀여운 물고기는 실은 오키나와 낚시꾼들의 적이라고 한다. 된장국의 재료로 쓰이기도 하지만 손질이 어려워서 그냥 방생해야 한다고. 애써 잡은 두 마리의 물고기를 다시 자연으로 돌려보내는 게 아까웠지만, 기분은 좋았다. 베테랑들이 한 마리의 물고기도 낚지 못했는데 나는 벌써 두 마리나 낚아 올렸으므로. 이후 나는 두 마리의 물고기를 더 낚았다. 다른 분들은 여전히 한 마리도 낚지 못했다. 초심자의 운이 이런 건가 보다.

우리는 오후 2시쯤 낚시를 마치고 항구 바로 옆에 있는 이토만 수산시장에 갔다. 원래는 물고기를 낚아 직접 회를 떠먹으려 했는데 괜찮은 물고기가 낚이지 않아 할 수 없이 그곳에서 밥을 먹어야 했다. 수산시장 안에는 각종 회와 초밥, 해산물 튀김 등을 팔고 있었고, 우리는 먹음직스러워 보이는 음식을 몇 개 골라 바깥에 마련된 테이블에서 먹었다. 낚시도 하다 보면 은근히 체력소모가 많이 되는데, 긴 시간 낚시를 하고 밥을 먹으니 그렇게 맛있을 수가 없었다.

노하라 씨 일행과 헤어지고 나는 만좌모로 가는 버스에 올랐다. 돌아가는 차 안, 괜히 뿌듯한 마음이 들어 입가에 미소가 지어졌다. 나도 아직 안 해본 게 많다는 사실을 새삼 깨달았다. 낯선 곳에서 한 새로운 경험 그리고 자그마한 성공이 내게 자신감과 만족감을 줬다.

그 후 만좌모에서 며칠을 더 보내고 다시 나하로 갔다. 시골에서 며칠이나 지냈다고 도시를 보니 어찌나 반갑던지. 그러고 보니 오키나와는 가는 곳마다 풍기는 분위기가 다 달랐다. 도회적인 나하와 이국적인 자탄, 한갓진 만좌모, 아기자기한 요미탄. 그렇게 넓지 않은 지역 안에서 다양한 풍경을 맛볼 수 있다.

심지어 바다 색깔도 다르다. 북부는 쨍한 코발트블루, 중부는 탁하고 짙은 파랑, 남부는 에메랄드. 전부 다르지만 똑같이 아름다운 바다. 이 한 달은 내가 사랑하는 바다를 정말 원 없이 볼 수 있는 시간이었다.

난 서울로 돌아왔다. 그리고 여느 때처럼 살아가고 있다. 납기에 맞춰 번역을 하고 일감을 따기 위해 노력한다. 가끔 일상이 버거울 때면 오키나와의 바다가 떠오른다. 그러면 다시 열심히 앞으로 나아갈 힘을 얻는다.

히로시마

상상이 현실이 된 그곳,
히로시마에 가다

김일숙

중학생 시절, 멍하니 무료한 일상을 보내던 어느 날, 인생을 송두리째 바꿀 한 영화와 만났다. 고베와 오타루의 겨울 은빛 풍경을 배경으로 명대사 "오겡키데스카? (잘 지내시나요?)"를 남긴 《러브레터》였다.

그날 이후, 내 인생의 대부분은 일본과 일본어에 맞닿아 있다. 일본 영화와 애니메이션, 드라마를 자막 없이 보고 싶어서 고등학생 때는 제2외국어로 일본어를 선택했다. 사실 그전까지만 해도 국·영·수 시간에 졸다가 분필을 맞던 내가 일본어 시간만 되면 마치 물 만난 물고기처럼 활기가 넘쳤다. 일본어 덕분에 태어나서 처음으로 공부에 재미를 느꼈고, 일본어와 관련된 학과에 가야겠다는 꿈도 생겼다.

일본에도 빨리 가 보고 싶었지만, 부모님께 혼자서 일본 여행 가고 싶다는 말을 쉽사리 꺼내지 못했다. 대신 넘쳐흐르는 일본 생활과 문화에 대한 호기심을 해소하기 위해 일본 드라마를 밥 먹듯이 보고, 일본 패션 잡지를 사서 패션과 색조 화장을 배웠다. 일본 애니메이션을 다루는 서브컬처 잡지는 옆구리에 끼고 살 정도였다.

시간이 흘러 대학교 일본학과에 진학한 나는, 여름방학 때 일본 자매 대학교 어학연수를 신청했다. 한 달이라는, 어찌 보면 짧은 기간이지만, 그동안 여러 매체를 접하면서 품어온 환상과 설렘이 눈앞에서 펼쳐지리라는 기대를 품고 히로시마로 향했다.

홈스테이는 처음이에요

히로시마현 히로시마시에 있는 히로시마 슈도 대학교 기숙사에 짐을 푼 후 본격적으로 어학연수 생활에 들어갔다. 얼마 지나지 않아 학생 한 명 또는 두 명씩 나눠서 사전에 배정된 집에서 일주일 동안 홈스테이를 했다.

나는 후배 한 명과 함께 자매 대학교 교수님 댁에 머물게 되었다. 교수님 댁은 짱구네 집이 떠오르는 아담한 2층 단독 주택이었다. 교수님 가족은 부인과 아들 두 명인데, 아들들은 모두 독립하고 부인과 두 분만 지내고 계셨다.

"오자마시마스(お邪魔します, 실례합니다)"

대학교 2학년, 아직은 미숙한 일본어를 입에 올리며 처음으로 일본인 교수님 댁에 발을 들였다. 일본 주택의 첫인상은 좁은 내부를 굉장히 효율적으로 잘 활용한다는 느낌이었다. 우리는 교수님의 안내를 받아 2층으로 올라가 다다미방에 들어섰다. 우리가 일주일 동안 지낼 곳이었다.

드라마에서만 보던 다다미방에서 직접 생활한다는 설렘도 잠시, 해가 지자 다다미방 바닥에서 스멀스멀 냉기가 올라왔다. 그래서인지 자기 전에 신혼부부 혼수용 같은 두꺼운 이불을 깔아 주셨고, 한여름에 그런 이불을 덮고 자도 덥지 않았던 기억이 아직도 생생하다.

짐을 정리하고 간단히 식사를 마치니 어느덧 깜깜한 밤이 되었다.

"사끼니오후로하잇데이이데스요(先にお風呂入っていいですよ, 먼저 욕조를 쓰세요)"

상냥하신 사모님께서 손님인 우리에게 먼저 욕조에 들어가라고 말씀해 주셨다. 이것이 바로 말로만 듣던 그 욕조 함께 쓰기인가! 일본은 욕조에 물을 한 번 받아 놓고 온 가족이 그 물을 같이 쓴다.

한국의 대중목욕탕과 별반 다르지 않다고 생각했지만, 막상 실제 상황이 되니 끝없는 어색함이 몰려왔다. 욕실에 들어가 보니 물이 가득 찬 조그만 욕조에서 김이 모락모락 올라오고 있었다. 들어갈까 말까, 소심하게 5분 정도 고민하다가 결국 종아리만 살짝 담그고 나와선 물이 참 따뜻하고 기분 좋았다고 말씀드렸다.

그 후에도 항상 욕조에 먼저 들어가라고 권하셨지만, 몸을 담그진 않았다. 일본에 가면 뭐든지 다 해보고 싶었는데 훅 들어오는 문화 차이를 받아들이기 위해선 마음의 준비 기간이 필요한 것 같다.

오후에 수업이 끝나고 교수님 연구실을 종종 방문했는데, 하루는 교수님이 지도하시는 세미나의 뒤풀이에 초대받았다. 일본인 친구를 많이 사귀고 싶었는데 덕분에 많은 친구를 알게 되었다. 일본 학생들의 술자리는 우리와 별반 다르지 않다. 시시콜콜한 일상사부터 학점, 진로, 연애, 주말에 어디 놀러 가자 등등. 문화 차이로 인해 조금씩 낯설어지던 일본의 풍경이 금세 다시 친숙함으로 물들었다.

친구들은 우리에게 한국에 관해 많은 걸 물어봤다. 그동안 수많은 애니메이션과 드라마를 보면서 다져온 청해 실력으로 친구들이 어떤 질문을 하는지는 분위기상 대충 추측이 가능했지만, 완벽하게 대답하기엔 아직 일본어 실력이 부족했다.

하지만 민망함도 잠시, 술기운을 빌려 보디랭귀지 반, 흉겨움 반으로 어떻게든 대화를 이어갔고, 그렇게 몇 시간 동안 즐거운 술자리가 이어졌다.

이튿날 교수님은 술자리에서 만났던 학생 몇 명을 집으로 초대해 다코야키와 오코노미야키 파티를 열어 주셨다. 일본 드라마에서 보던 자그마한 다코야키 기계와 오코노미야키용 미니 철판이 거실 탁자 위에 올려져 있었다. 우선 친구들이 다코야키 만드는 모습을 보고 젓가락으로 이리저리 굴려봤지만 내가 굴리는 다코야키는 옆구리가 터지기 일쑤였다. 그렇지만 문어도 두툼하고 직접 만들어서 먹으니 가게에서 먹는 것보다 몇 배는 맛있었다. 다음 타자는 드디어 오코노미야키. 뜨거운 철판에 기름을 두르고 고기, 해산물, 양배추를 섞은 밀가루 반죽을 부쳐 먹는 오코노미야키는 오사카식과 히로시마식 두 종류가 있다.

오사카식은 밀가루 반죽에 잘게 썬 양배추와 해산물 등의 재료를 섞어서 굽고, 히로시마식은 얇은 밀가루 반죽 위에 양배추, 해물 등을 차례대로 쌓아 올리면서 굽는다. 또한, 히로시마식 오코노미야키에는 면도 들어간다. 밀가루 음식이야 뭐든지 맛있지만, 개인적으로는 히로시마식 오코노미야키를 더 좋아한다. 오사카식은 밀가루 반죽과 속 재료가 어우러진 맛을 즐길 수 있다면, 히로시마식은 속 재료 본연의 맛을 하나하나 느낄 수 있다.

본인이 먹고 싶은 재료를 마음대로 넣을 수 있어서 내가 좋아하는 고기와 김치를 듬뿍 넣었다. 속 재료를 다 쌓고 보니 마치 10층 건물 정도의 높이가 되었지만, 한국에서 전 부치던 솜씨로 다코야키 때와는 다르게 현란한 손놀림으로 뒤집었다. 직접 만든 오코노미야키와 맥주 한 잔의 맛은 지금도 선명하게 떠오를 만큼 각별했다.

홈스테이는 호스트 가족이 그 나라의 다양한 인적, 물적 자원을 아낌없이 공유해준다는 장점이 있다. 낯선 이국땅에서 홀로 어려움 헤쳐나가기도 분명히 값진 경험이겠지만, 호스트와 함께하면 초반부터 그 나라를 보는 시각이 넓어지게 된다. 교수님 부부가 유명 관광지와 맛집에 나를 데리고 다녀 주셔서 좋은 경험을 했고, 일본 친구들도 자연스럽게 많이 알게 되었다. 훗날 한국에 돌아가서 호스트 가족을 초대하는 등 인연을 이어나가도 좋을 것이다. 지구는 둥그니까!

내 고민은 말이야

타국 학생들과 교류를 목적으로 하는 동아리 학생들이 종종 기숙사를 방문해서 우리와 어울렸다. 낮에는 공강 시간 틈틈이,

오후에는 수업이 끝나고 기숙사에 와서 함께 밥도 해 먹었다.

한국에 관심이 많은 학생도 있었는데, 그 친구들은 한국어도 꽤 알아들었다. 외국에서 오래 살면 한국 음식이 그리워지는 순간이 오듯, 일본에서 생활한 지 보름 정도 지나자 슬슬 대구 사투리로 말하고 싶어졌다. 그래서 한국어를 조금 할 줄 아는 일본 친구들에게 한국어와 사투리를 가르쳐 주었다. 히로시마도 지방 도시이고 사투리가 있는데, 히로시마 사투리는 전체적으로 억양이 격하지 않고 아기자기하다. 평소에 내가 사투리를 써서 그런지 한국에서는 사투리 쓰는 사람들에게 심쿵하진(심장이 쿵쿵하진) 않았는데, 히로시마 사투리로 대화하는 일본인 친구들을 보면 슬며시 입꼬리가 올라갔다.

주로 어미(語尾)에 「-の」, 「-のぉ」가 많이 붙어서인지 나긋나긋하고 살짝 나른한 느낌도 들었다. 「じゃけえ(=だから, 그러니까)」를 굉장히 많이 썼고, 과제나 시험 이야기를 하면서 「たいぎい(=面倒くさい, 귀찮다)」도 빼먹지 않았다. '과제가 귀찮다'는 전 세계 학생들의 만국 공통어인가보다. 「いっぺん(=一度, 한 번)」 등도 많이 사용했다. 이 중에서 「じゃけえ」 억양이 굉장히 귀여워서, 나는 그날부터 「じゃけえ+표준어」 조합이라는 독특한 일본어를 사용했다.

"じゃけえ、本通り行こう。(그러니께, 혼도리에 가자.)"

기숙사에 자주 오던 한 일본인 학생과 부쩍 친해진 나는 먼저 놀러 가자고 이야기했다. 착하고 순수했던 그 친구와는 대화도 굉장히 잘 통해서 가족에 관한 이야기도 하고 여러 가지 고민거리를 주고받았다. 그중에서도 진로에 관한 이야기를 많이 했다. 친구도 나도 몇 년 뒤엔 취업 전선에 뛰어들어야 했고, 우리가 무슨 일을 하고 싶은지, 잘 해낼 수 있을지, 미래에 대한 불안함과 고민으로 가득했다.

나는 일본어를 사용할 수 있는 일본계 회사에 취직하거나, 통·번역에도 관심이 많아서 그쪽으로 공부를 더 해보고 싶었다. 전혀 다른 언어로 같은 감정을 공유하는 경험을 하면서 외국어 공부의 매력을 다시금 깨달았다. 이 감정을 잊지 않고 나는 훗날 대학원에 진학해 전문적으로 일본어 통·번역 공부를 하게 되었다.

주말에는 일본인 친구들과 히로시마의 중심가이자 쇼핑의 천국인 혼도리(本通り)에 갔다. 혼도리 상점가 거리에는 아케이드가 설치되어 있어서 날씨와 상관없이 편하게 쇼핑을 즐길 수 있다는 점이 가장 놀라웠다. 그 후에 일본의 여러 지역을 다녀보니 상점가 아케이드를 전국적으로 흔하게 볼 수 있었다.

의류와 액세서리를 판매하는 일본의 쇼핑 체인점 '파르코(PARCO)'에 들어가자 반짝이는 액세서리, 화려한 구두와 옷들이 눈앞에 펼쳐졌다. 바로 이곳이 잡지에서만 보던 그곳이구나!

"여기부터 저기 끝까지 다 주세요!"란 말은 못 했지만, 마음에 쏙 드는 옷 몇 벌과 구두를 샀다. 또한, 일본 색조 화장품은 가성비가 매우 좋아서 애용한다. 특히, 아이섀도와 블러셔는 저렴하면서 발색 좋은 상품들이 많아서 테스트를 해보고 색깔별로 지르기를 추천한다.

한국에 돌아가기 얼마 남지 않은 날, 저녁에 일본인 친구들이 놀러 와서 불꽃놀이를 하러 가자고 했다. 아무렴 일본에 왔는데 불꽃놀이를 빼놓을 순 없지. 일본 드라마에서 봤던 예쁜 유카타를 차려입고 불꽃 축제 노점상에서 금붕어 뜨기를 하고 야키소바를 먹은 건 아니지만, 친구들을 따라 대학교 근처에 있는 조그마한 놀이터에 갔다.

한여름 밤의 서늘한 공기가 옷 속으로 스며드는 느낌이 좋았다. 친구들이 사 온 불꽃놀이 세트로 우리만의 불꽃 축제를 시작했다. 튀어 오르는 불꽃을 이리저리 피하면서 깔깔대고, 머리를 맞대고 스파클러 불꽃을 들고 있으니, 마치 청춘 드라마의 한 장면 같았다. 짧은 시간이었지만 정말 많은 경험을 하고 가는구

나. 항상 머릿속으로 상상만 하던 소소한 풍경들이 눈 앞에 펼쳐지는 순간을 놓치고 싶지 않았다. 지금도 나는 일 년에 한두 번씩은 일본으로 향한다. 언젠가 일본에서 또 다른 한 달간의 추억을 쌓을 수 있는 날이 올까?

그래도 공부는 해야겠죠?

일과는 오전 9시에 대학교 강의실에서 일본어 수업을 듣는 것으로 시작되었다. 평일 수업에서는 일본어 문법과 단어를 집중적으로 배웠고, 주말에는 다양한 체험과 관광을 하면서 일본 문화를 접했다. 당시 내 일본어 실력은 JLPT N3 수준이었다. 간단한 일상회화를 구사할 수는 있지만, 아직 모르는 문법과 단어가 많아서 유창한 회화는 힘들었다.

일본인 친구들과 어울리고 혼도리에 쇼핑가는 생활도 즐거웠지만, 어학연수에서 받은 성적은 그대로 학점에 반영된다. 꿈에 그리던 일본까지 왔으니 노는 것과 공부 둘 다 놓치고 싶지 않았다. 그래서 친구들과 자정까지 놀다가도 다음 날 단어 시험에 대비해 새벽 늦게까지 공부하는 생활을 택했다.

일본에서 한 번 살아볼까 생각하는 사람들이 가진 목적은 다양할 것이다. 일본 문화를 체험해보고 싶어요, 일본어를 배우고 싶어요, 소도시에서 힐링하고 싶어요 등등. 물론 이 중에서 단 한 가지만의 이유로 일본행을 선택하기보다는 여러 가지 이유로 일본을 택하는 사람이 더 많을 것이다. 만약 그중에서 어학 실력을 늘리기 위한 이유가 가장 크다면 우선 한국에서 기본적인 문법과 단어를 공부하고 가기를 추천한다.

일본어 공부 방법과 효과는 개인마다 차이가 있겠지만 보통 문법 체계가 잡히지 않은 상태에서 좋아하는 매체로 먼저 공부하거나, 일본에 가서 바로 회화 단계에 들어가면 훗날 일본어를 잘하게 되더라도 비문(非文)을 쓰기 쉬우며, 이미 입에 익고 머리에 새겨진 문장을 고치기도 어렵다. 또한, 일본어 표준어를 제대로 쓰지 못하는 상태에서 매체를 통해 비속어나 은어, 특정 직업군이나 연령대의 억양을 먼저 접해도 좋지 않다. 다시 말해, 정확하고 확실하게 기초를 잡은 다음 다양한 일본어를 접하는 편이 좋다.

앞서 언급했듯이 나는 고등학생 때 제2외국어로 처음 일본어 공부를 시작했다. 수업 시간을 제외하고 매일 저녁 1~2시간 정도 할애해서 교과서에 나오는 초급 단어와 문법, 동사 활용을 반복해서 외웠다. 처음에는 히라가나와 가타카나를 외우는 것조차 힘들었지만, 쓰고 또 쓰면서 사람들이 많이 포기하는 마의 동사 활용 구간까지 넘기니 조금씩 수월해지고 자신감도 붙었다.

대학교에 진학한 후에는 학과 수업 외에 내가 부족하다고 느낀 문법을 보강하기 위해서 주 2회 정도 학원에 다녔다. 문법과 단어를 외울 때 가장 추천하는 방법은 '예문 통째로 외우기'다. 뜻만 외우면 뉘앙스를 정확하게 이해하지 못해서 회화할 때 자연스럽고 올바르게 쓸 수 없다.

이렇게 초급을 떼고 일본어 중급 수준에 도달하면 일본 신문과 뉴스를 어느 정도 읽고 알아들을 수 있게 된다. 이때부터는 하루에 신문 기사, 사설, 뉴스를 몇 개씩 뽑아서 읽고, 독해하고, 따라 썼다.

또한, 시간이 날 때마다 일본 영화, 드라마, 예능 등을 봤다. 꼭 집중해서 보지 않더라도 온종일 드라마를 틀어 놓고 일본어가 들리는 환경에 최대한 많이 노출되려고 노력했다. 언어를 배우는데 왕도는 없다. 체계적이고 탄탄한 기본기를 기르고, 연습장 수십 권에 단어와 문법을 반드시 손으로 쓰면서 외울 수 있는 인내심이 있다면 정복할 수 있다.

수업 시간에는 '섀도잉' 연습을 많이 했다. 섀도잉은 일본 뉴스처럼 일정한 속도로 정확한 표준어가 나오는 영상이나 음성을 틀어 놓고, 말이 시작되면 1~2초 뒤에 바로 그 내용을 그대로 따라 하는 공부법인데, 상당한 집중력과 일본어 실력이 요구된다. 외국어 공부를 할 때 섀도잉은 엄청난 효과를 발휘한다. 단어, 문법, 표현, 억양까지 통틀어 배울 수 있는 종합 선물 세트다.

들은 내용을 그대로 따라 하는 것이라 별로 어렵지 않을 것 같지만, 처음에는 엉망진창이었다. 하지만 매일 조금씩 하다 보니 어느 순간 어렵지 않게 따라 할 수 있게 되었고, 전체적인 내용과 핵심이 머릿속에 그려졌다. 섀도잉한 지문을 구해서 어려운 단어와 표현을 따로 정리하면 더 좋다.

일본에서 살면 생생한 표현들을 접하고 말해야 하는 상황이 저절로 생긴다는 장점이 있다. 일본인 친구들과의 술자리에서도, 오코노미야키를 만들 때도, 친구가 내 옷을 골라줄 때도 교과서에는 없는 표현들이 마구마구 쏟아져 나온다.

하루는 주제를 정해서 일본인 학생들에게 설문 조사를 하고 결과를 정리해 발표하는 과제를 받았다. 일본인에게 설문 조사라니! 멘탈 붕괴의 시간도 잠시, 지금 내 일본어 실력으로 어렵지 않게 설문 조사 내용을 설명할 수 있고, 흥미를 끌 수 있는 주제를 생각해야 했다. '이성을 볼 때 가장 많이 보는 곳은? 외모,

성격 등등'이라는, 또래 학생들과 쉽게 대화를 시도할 수 있는 주제를 정하고 설문 조사에 들어갔다.

처음엔 지나가는 학생들을 붙잡는 게 어찌나 민망하던지, 기어들어 가는 목소리로 "すみません。あの、今時間大丈夫ですか。(실례합니다. 혹시 지금 시간 괜찮으세요?)" 라고 물었다. 혹여나 잡상인으로 오해받을까 걱정도 했지만, 다행히 친절한 학생들은 내 얘기에 귀를 기울여주었다.

몇 명의 학생들을 거쳐 조금 자신감이 붙자 잘생긴 남학생을 덥석 붙잡았다. 빈 강의실에서 설문 조사를 하던 중 교내에 길고 긴 알림음이 울리고 내 목소리는 묻혀버렸다. 당황하는 내게 남학생은 "소리가 멎을 때까지 기다리다가 복도로 자리를 옮길까요?"라고 물어봐 주었고, 나는 그런 남학생의 배려에 살짝 두근거렸다.

무사히 설문 조사를 마치고 커다란 종이에 발표용 자료를 만들었다. 발표용 자료를 다 만들고 나니 어느덧 새벽이었다.

잘하는 것이 별로 없는 나지만, 예전부터 프레젠테이션만큼은 자신이 있었다. 발표를 무사히 마치고 남은 시험과 과제들도 잘 끝냈다. 나름 고군분투한 결과 A 학점으로 어학연수 과정을 이수할 수 있었다.

히로시마는 관광지로서는 조금 생소한 도시일지도 모른다. 내 주변에도 히로시마 여행을 다녀왔다는 지인들을 거의 보지 못했다. 하지만 한 달 동안 지내면서 이 생소한 도시에 고유한 매력과 재미가 넘쳐흐른다는 사실을 알게 되었다. 한 번쯤은 왁자지껄한 유명 관광도시가 아닌, 낯선 이국땅에서 가보지 않은 도시 여행해 보기도 좋은 경험이다. 익숙함에서 벗어나서인지, 낯선 곳에서 고개를 내미는 또 다른 내 모습을 발견하게 되기도 한다. 이 또한 여행의 묘미 중 하나다.

히로시마는 일본의 수도 도쿄에서 신칸센으로 약 4시간 걸리는 주고쿠(中国) 지방에 있는 소도시다. 2차 세계대전 당시 역사상 최초로 핵폭탄이 투하된 곳으로, 이런 역사적 배경으로 인해 현재는 세계평화문화 도시를 표방하고 있다. 히로시마의 지리적 장점은 일본의 지중해라고 불리는 세토 내해(瀨戸内海)에 인접해 있어 바다와 산 등 풍부한 자연환경을 만끽할 수 있고, 접근성이 편리한 인근 지역에도 볼거리가 많다.

히로시마에 가는 방법은 인천공항에 히로시마 공항 직항이 있고, 부산에서 배를 타고 시모노세키(下関)를 거쳐서 가는 방법, 일본의 다른 지역에서 신칸센이나 버스로 이동하는 방법 등이 있다. 나는 부산에서 배를 타고 배에서 하룻밤 자고 이튿날 아침에 시모노세키에 도착했다. 시간적인 여유가 있다면 배에서 하룻밤 보내는 일정도 추천한다. 저녁에 승선하여 배 안에 마련된 휴게실에서 맥주 한 캔과 땅콩을 들고 친구들과 도란도란 이야기를 나누며 밤을 지새웠고, 이튿날 아침에는 따뜻한 대욕장에 들어가 창문 너머로 펼쳐진 푸른 바다를 감상했다.

시모노세키에 도착하면 세토 내해가 먼저 눈에 들어올 것이다. 세토 내해의 탁 트인 수면 위로 태양이 뿌리는 황금빛이 파편처럼 부서졌고, 살짝 비릿하면서도 청량한 바다 내음이 콧속에 스며들었다.

세토 내해에는 별처럼 흩뿌려진 수많은 섬을 잇는 다리와 도로가 있다. 이 길들을 따라 자전거 라이딩도 할 수 있다고 하니 야외활동을 즐기는 분들에게 추천한다.

세토 내해 주변으로 마쓰다 자동차, 미쓰비시 중공업과 같은 조선, 차량, 기계공업 공장이 늘어서 있다. 그중에서 마쓰다 자동차 박물관 견학을 하러 갔다. 참고로 예약을 하고 가야 한다. 자동차 공장 방문하기는 난생처음이라 모든 것이 생소하고 신기했다. 박물관에는 아기자기하고 세련된 마쓰다 자동차들이 전시되어 있고, 시승도 해볼 수 있다. 실제 자동차 조립 공정도 볼 수 있는데 현장 내부에 2층 높이의 견학자용 통로가 따로 있고, 이 통로를 따라 걸으면서 조립 공정을 볼 수 있다.

견학이 끝나고 조그마한 자동차 모형 라이트를 기념품으로 받았는데, 기념품임에도 참 정교하고 귀여웠다. 훗날 나는 학교를 졸업하고 자동차 부품 제조사에 취업하게 되었다. 그런데 회사 고객사 중 한 곳이 바로 마쓰다가 아닌가! 이런 형태로 마쓰다 자동차와 재회하게 될 줄 상상이나 했겠는가? 참으로 넓으면서도 좁은 이 세상, 서로 언제 다시 마주칠지 모르니 항상 친절함을 잊지 말아야지.

히로시마에서 가장 유명한 관광지 중 한 곳이자, 유네스코 세계문화유산으로 지정된 미야지마(宮島)의 이쓰쿠시마 신사(嚴島神社)와 도리이(鳥居)는 빼놓을 수 없는 볼거리다. 일본에 가기 전부터 사진으로 많이 접하면서 엄청나게 기대했는데, 실물은 그야말로 입이 딱 벌어지는 절경이었다. 밀물과 썰물 때를 잘 맞춰서 썰물 때는 도리이 근처까지 걸어갈 수도 있고, 밀물 때는 신사와 도리이가 마치 바다에 떠 있는 듯한 환상적인 모습을 볼 수 있다. 도리이 뒤편으로 석양이 펼쳐진 모습은 한 폭의 그림 같았다.

또한, 녹음이 어우러진 이쓰쿠시마 신사 주변을 산책하며 힐링할 수 있다. 섬 내를 유유자적 걸어 다니는 사슴에게 먹이를 줄 수 있는데, 사슴이 워낙 적극적인 성격이라서 먹이를 줄 때 조심하는 게 좋다. 직접 체험할 수 있는 프로그램도 많아서 온종일 있어도 지루하지 않은 곳이다.

단풍 모양을 한 '모미지(紅葉, 단풍) 만주'도 유명한데, 갓 구운 델리 만주처럼 식욕을 자극하는 냄새는 안 나지만 커스터드 크림, 초콜릿, 팥 등 다양한 맛이 있어서 골라 먹는 재미가 있다. 나는 모미지 만주를 먹고 첫눈에 반해서 그 후로도 가끔 모미지 만주를 선물로 받으면 입이 귀에 걸린다. 특히 커스터드 크림과 초콜릿이 든 모미지 만주는 내가 가장 사랑하는 간식 중 하나다. 현지에서 꼭 맛보길 바라며 선물용으로도 추천한다.

전망이 좋은 해안가 드라이브 코스를 따라서 히로시마현 구레시(呉市)에 가보는 것도 좋다. 이곳은 조선업이 발달한 항구도시이다. 낮에는 일본 중요 전통 건조물군(群) 보존 지구로 선정된 미타라이(御手洗) 항구마을 거리를 걸으면서 1660년대 당시의 정취를 느껴보고, 저녁에는 해발 737m 봉우리인 하이가미네(灰ヶ峰)에서 항구 도시의 명멸하는 야경을 조망하는 코스를 추천한다. 일본 3대 야경명소 중 한 곳인 하코다테(函館)산보다 두

배나 높은 곳이라서 마치 하늘에서 내려다보는 느낌이 든다.

한편, 인근 지역에도 관광 요소가 풍부해서 히로시마를 거쳐 주변 소도시를 둘러보는 일정을 짤 수 있다. 우선 히로시마시에서 버스로 한 시간 정도 걸리는 야마구치현(山口県)의 동쪽 관문인 이와쿠니(岩国)로 가보자. 이곳에서는 일본의 3대 다리 중 하나인 다섯 개의 아치를 이은 듯한 독특한 모양의 긴타이쿄(錦帯橋)를 볼 수 있다. 직선으로 쭉 뻗은 다리가 아니라 아치형 다리를 건너는 느낌이 굉장히 독특했고, 나도 모르게 발밑을 조심하게 된다.

긴타이쿄 근처에 '산조쿠(山賊, 산적)'라는 맛집이 있다. 화롯불에 구운 주먹밥과 닭 다리가 추천 메뉴인데 맛이 기가 막힌다. 야외에 마련된 자리에서 닭 다리를 뜯고 있으니 진짜로 산적이 된 것만 같았다. 야마구치에 간다면 필수코스로 추천한다.

돗토리현(鳥取県)은 요괴 만화 《게게게의 기타로》와 한국인에게도 매우 친숙한 《명탐정 코난》의 도시다. 이곳에서는 만화 캐릭터를 이용한 기차역, 상점가 등을 흔하게 볼 수 있어서 만화 덕후 뿐만 아니라, 가족 단위 여행도 좋고, 순수한 동심으로 돌아가기에 안성맞춤인 곳이다. 또한, 일본 최대급 규모를 자랑하는 돗토리 사구(砂丘)도 빼놓을 수 없는 관광 코스다. 인천공항과 돗토리현 요나고 공항 직항도 있으니 첫 여행지로 선정해도 좋을 것이다.

히로시마에서 지낸 한 달간의 기억이 담긴 상자를 열어보니 아직 풀어야 할 이야깃거리가 많다. 지금 일본에 한번 가볼까? 하고 생각하는 분, 다음엔 어느 지역으로 갈지 고민하는 분들의 손을 잡고 히로시마로 이끌고 싶은 밤이다.

에필로그

"감사합니다. 금요일까지 납품해 드리겠습니다."

요즘 나의 일상은 오전에 메일을 확인하고 클라이언트에게 회신을 보내는 것으로 시작한다. 그 후에는 온종일 모니터를 바라보며 자판을 두드리다가 잠이 든다.

대학원을 마친 후 바로 프리랜서 통·번역가로 활동하고 싶었지만 공부하는 내내, 내가 프리랜서로 먹고살 수 있을까 하는 불안함이 가시질 않아서 한일 합작 회사에 취직해서 5년간 근무했다. 사내에서 일본어를 활용할 기회는 많았지만, 그곳에서 외국어란, 목표를 달성하기 위한 수단에 불과하다는 사실을 깨달았다. 일본어를 사용하는 것 자체에 즐거움을 느끼고, 번역을 통해 더 많은 사람에게 도움을 주고 좋은 글을 전하고 싶다는 이상과 점점 멀어져 가는 느낌이 들었다. 나는 이대로 괜찮을까?

많은 고민과 용기가 필요했지만 결국 나는 퇴사를 선택했고, 현재는 프리랜서 일본어 번역가로 1년째 활동 중이다. 어떤 날은 "제가 좋아하는 연예인의 동영상을 번역해 주세요!" "한국으로 사업 확장을 고려 중인데 도와주세요" 또 어떤 날은 번역회사에서 "관광 팸플릿을 번역해 주세요" "논문을 번역해 주세요" 등등 프리랜서가 되니까 다양한 분야의 일감이 날 기다리고 있었다.

현재는 주로 산업 번역을 하는데 앞으로는 도서 번역도 하고, 작가로도 활동하고 싶다. 이 책을 통해 작가로서 한 발 내디뎠고, '김일숙 옮김' 번역서가 서점에 진열된 모습을 상상하면서 이 또한 현실로 만들기 위해 노력 중이다.

도쿄

한 달 동안의
도쿄 홈스테이

임지현

"요리 배우러 일본 갔니?"

아버지가 카카오톡으로 물어보셨다. 함께 사는 일본인 친구 유미와 주말마다 장을 본 뒤 일주일간 먹을 반찬을 만들고, 방문한 식당의 음식 사진을 매번 올리니 궁금하셨나 보다. 평소 음식에 관심이 많은 나는 확고한 여행 기준을 가지고 있다. 방문하고 싶은 식당이 나만의 여행 기준점이 되어 이를 중심으로 여행 계획을 짠다. 원하던 음식을 먹고 나면 산책이 시작된다.

"소화도 할 겸 이제 한 번 걸어볼까?"

이렇게 식당 주변 관광지를 구경한다. 하지만 이번 한 달 살기를 하는 동안의 여행 기준은 식당이 아니었다. 여전히 음식에 관심은 컸지만 그보다 더 나의 관심을 끈 존재가 있었으니 바로 빈티지 상점이다.

빈티지 상점 = 보물찾기 or 재활용가게

2019년 1월, 대학교 졸업을 유예하고 떠난 도쿄에서의 한 달이 시작되었다. 나에게 주는 졸업 선물이었다. 아무의 눈치도 보지 않고 그동안 일본에서 해보고 싶었던 일, 좋아하는 일로 한 달을 가득 채울 생각에 마음은 구름처럼 들떠있었다.

2013년, TV 프로그램《무한도전》에 동묘 빈티지 거리가 소개되었을 때 보고 큰 충격을 받았다. 값비싼 브랜드 상품도 쉽게 접할 수 있다는 점이 무척 매력적이었다. 그 방송 이후 한국에서의 빈티지 옷에 관한 관심도가 더 커졌고 수요도 증가했다고 생각한다. 최근에는 빈티지 옷뿐 아니라 문구, 생활용품까지 빈티지 물품에 대한 인기가 계속 상승하고 있다.

온라인 상점은 물론 홍대 인근에는 오프라인 빈티지 상점도 계속 생기고 있다. 오프라인 상점에서 판매되는 컵은 2만 원대, 옷은 원피스 기준 3~8만 원대 정도로 그리 싼 가격이 아니다. 학생인 내게는 부담스러운 가격이다. 수입제품이라 비싼 건 이해된다. 나처럼 주머니 가벼운 사람들은 구경만 하고 실제 구매는 하지 못하고 발길을 돌리곤 한다.

빈티지에 대한 애정은 있지만 사지는 못해 늘 아쉬운 마음을 가지고 있었다. 그런데 내가 한 달 살았던 일본 동네에 빈티지 상점이 있다는 사실을 알게 되었다. 구경이나 하자는 마음으로 갔는데…

"이럴 수가!"

가지고 싶던 컵을 본 순간, 나도 모르게 입 밖으로 소리를 내고 말았다.

"말도 안 돼!"

가격을 본 순간, 두 번째 외침이 입 밖으로 새어 나왔다. 한국에서 판매되고 있는 가격과 비교할 수 없을 만큼 저렴한 1천 원~3천 원 사이! 눈 앞에 펼쳐진 물건들을 보고 있으니 사지 않고 바라보고 있는 것만으로도 모든 물건이 내 것 같은 느낌이 들어서 괜스레 뿌듯했다. 매일 다른 제품이 상점으로 들어와서 방문할 때마다 뿌듯함이 두 배, 행복함은 표현할 수 없을 정도로 커져만 갔다.

금고에 돈을 맡기고는 돈이 잘 있나 매일 확인하러 가는 사람처럼 난 외출할 때마다 빈티지 상점에 꼭 한 번씩 들렀다. 빈티지 상품들은 금고 속 돈처럼 나에게 행복을 주는 존재였다. 이러한 나의 빈티지 상점 사랑을 아는 지인은 친구 유미와 친언니뿐이다. 두 사람의 빈티지에 관한 생각은 조금 달랐는데, 유미는 빈티지 물품을 '보물'에 비유했고, 언니는 '재활용 물건'이라고 표현했다. 재활용 개념으로 누군가가 쓰던 물건을 사서 나에게 필요하고 소중한 물건이 되어 준다면 그것이 유미가 언급한 보물이 되지 않을까? 일본에서의 한 달, 나는 재활용 가게에서 나의 보물들을 찾아 나섰다.

앞서 말했듯 난 일본인 친구 유미와 함께 한 달을 보냈다. 더 자세히 말하자면, 도쿄에 자취하고 있는 유미네 집에 내가 같이 살면서, 한 달 동안 홈스테이라는 값진 경험을 하게 된 것이다.

나는 일본어가, 유미는 한국어가 아주 유창하지는 않았지만, 의사소통에는 전혀 문제가 없었다. 유미와는 마음이 잘 맞아서 혼자가 아닌 둘이 함께한다는 자체가 매 순간 즐거움이었다.

나는 잘 알아듣지 못하는 아침 드라마, 주말 드라마를 유미와 함께 시청하며 재잘재잘 웃으며 떠들기도 하고, 서로 좋아하는 배우가 출연하는 방송을 목이 빠지게 기다리기도 했다. 해 뜰 때까지 이불 속에서 깊은 이야기를 나누면서 밤을 새우기도 하며, 친구의 생활 속에 나를 점차 녹여가고 있었다.

특히 유미는 내게 자주 일본의 문화를 설명해주며 함께 즐길 수 있도록 많이 도와줬다. 한 달 동안의 값진 경험 중 기억에 남는 문화들을 소개해 보겠다.

○ 세츠분(節分, 입춘 전날, 2019년 기준 2월 3일)

그해 좋은 운이 들어오는 방향을 바라보면서 굵은 김밥인 에호마키(恵方巻き)를 썰지 않고 한 줄 통째로 먹은 후 마메마키(豆まき, 입춘 전날 밤에 액막이로 콩을 뿌리는 일)로 마무리하는 날이다. 에호마키를 먹을 때 중요한 점은 다 먹을 때까지 말을 하지 않아야 그해 운이 좋다고 한다.

유미와 나는 나침반으로 방향을 맞춘 후 자르지 않은 에호마키 먹을 준비를 끝냈다. "먹자!" 외치는 순간 왜 그리 웃음이 나오는지! 처음 세츠분 문화를 접하다 보니 어지간히 쑥스러웠나 보다. 입 밖으로 새는 웃음을 에호마키로 꾹꾹 막아가며 우여곡절 끝에 말하지 않고 전부 먹을 수 있었다.

이후, "鬼は外! 福は内! (귀신은 밖으로! 복은 안으로!)"를 외치며 집안 곳곳에 콩을 뿌린 후 나이만큼 콩을 먹는 마메마키까지 완벽히 마쳤다. 문제없이 마무리하고 나니 올해 모든 일이 술술 잘 풀릴 것만 같은 느낌을 한가득 받은 건 기분 탓이었을까?

처음이라 조금 어색했지만 올해의 좋은 운에 대한 기대감과 함께 일본 문화에 녹아든 하루였다.

○ 다코야키 파티 = 다코파(たこパ)

유미는 내가 일본에 오면 '다코야키 파티'를 제일 같이하고 싶다 했다. 가정용 다코야키 기기를 이용해 집에서 가족 또는 친구들과 다코야키를 만들어 먹는 파티로 줄임말은 '다코파'. 재료 준비부터 반죽까지 모두 직접 해야 하기에 번거로웠지만, 직접 만들어 먹는 다코야키가 주는 설렘이 더 컸기에 번거로움은 설렘을 이길 수 없었다.

유미는 익숙하게 하나둘 다코야키를 만들어갔다. 동글동글 여러 번 굴리니 다코야키가 완성되었다.

"뜨거우니 조심해!"

미리 말해줬으면 더욱더 좋았으련만, 이미 나의 입속에는 다코야키 한 알이 들어간 후였다. 뜨거운 다코야키의 공격을 받아 뱉지도, 먹지도 못하며 당황하는 내 모습에 둘 다 웃음보가 터지고 말았다. 결국 입천장을 데고 말았다. 데인 입천장을 늦게나마 보호하기 위해 나머지 다코야키들은 호호 식혀가며 조심스레, 하지만 끊임없이 뱃속으로 보냈다.

'이제 내가 만들 차례인가!'

서툴지만 유미가 설명해 준 대로 반죽부터 차근차근 부었다.

'오호라, 이거 너무 재미있는데?'

계속 공 굴리듯 동글동글 모양을 잡아가니 마치 내가 쇠똥구리가 된 듯한 기분이었다. 어린 시절 읽었던 쇠똥구리 동화를 유미에게 이야기해주며 다코야키를 익혔다. 다코야키는 점차 맛깔스러운 색으로 만족스럽게 변해갔다. 그 모습을 본 유미가 내게 건넨 한마디, "우리 같이 다코야키 장사할까?"

○ 키리모찌를 넣은 단팥죽, 오시루코(お汁粉)

우리나라 단팥죽과 비슷하지만 조금 더 묽고, 팥물을 체에 걸러 팥 껍질을 제거해 입자가 고운 팥소를 이용한 단팥죽이 '오시루코'이다. 마치 통팥이 느껴지는 팥 아이스크림 같은 식감이 아닌, 연양갱을 끓인 듯한 느낌의 단팥죽이다. 씹는 맛이 덜하다 보니 부드럽게 술술 목구멍을 타고 넘어간다. 처음 만들 때부터 물엿을 넣고 끓이기에 따로 설탕을 추가하지 않아도 달콤하다. 완전 취향 저격당하고 말았다.

하지만 달콤한 단팥죽만으로 만족하기엔 아직 이르다. 일본 애니메이션 《짱구는 못말려(クレヨンしんちゃん)》에 자주 등장해 어떤 맛일지 궁금증을 키웠던 구워 먹는 찰떡인 키리모찌가 눈앞에 등장했다.

돌처럼 딱딱한 키리모찌는 토스터에 넣어 잔잔히 오래 익히면 점차 부풀어 오른다. 애니메이션 속이 아닌 현실에서 키리모찌를 처음 접할 기대감에 들떴다. 하지만, 유미는 내 기대감만큼이나 커진 부담감에 토스터만을 하염없이 바라보고 있었다.

"푸수슝-피슝-"

토스터 속 키리모찌는 부풀기 쉽게 칼집을 낸 부분에서 공기가 빠져나가기 시작했고, 점차 모양을 갖추며 구워져 갔다. 미어캣처럼 토스터를 바라보는 유미 옆에 나 또한 한 마리의 미어캣이 되어 키리모찌만을 바라보았다.

오랜 기다림의 끝, 유미의 걱정과는 달리 애니메이션에서 봐왔던 모양 그대로 키리모찌와 나는 마주하게 되었다. 변화무쌍한 키리모찌 한 점을, 달콤한 오시루코 단팥죽 안에 풍덩.

단팥죽에 적신 모찌를 한입 베어 물고, 행복감에 젖어 무심코 한 한마디.

"으음, 이 맛이야!"

○ 매달 15일 이치고의 날

15일은 1과 5의 발음인 '이치', '고'를 합친 발음과 같은 딸기(いちご, 이치고)를 먹는 날이다.

내가 도쿄에 머물던 시기는 달콤한 딸기가 제철인 겨울이었다. 15일을 맞아 다양한 딸기 디저트가 나와 있었는데, 유미와 난 딸기 찹쌀떡을 선택, 기분 좋게 하나씩 나눠 즐겼다.

○ 패밀리 레스토랑의 기간 한정 딸기 파르페와 드링크바

유미네 가족이 겨울마다 즐겼다는 강력 추천 메뉴는 푸딩을 좋아하는 내 입맛을 한입에 사로잡았던 '로얄호스트 패밀리레스토랑'의 딸기 파르페다. 유미의 어린 시절 추억이 깃든 디저트인데 이를 공유해 함께 즐길 수 있어 더욱더 값진 경험이었다.

일본의 패밀리 레스토랑을 이용할 때의 한 가지 팁이 있다면, '드링크바'가 존재한다는 점이다. 이는 3~5천 원 정도의 비용을 내면 무제한으로 음료수, 차, 커피를 즐기며 패밀리레스토랑 시설을 이용할 수 있다. 이용 방법은 식사하면서, 또는 식사 후도 가능하지만 드링크바만 단독 이용도 가능하다.

드링크바는 저렴한 비용으로 넓은 공간에서 마음껏 좋아하는 음료를 마실 수 있는 장점 덕분에 10대, 20대가 즐겨 이용한다.

주말은 24시간 유미와 함께 보냈다. 우린 금요일 저녁마다 주말에 같이할 일을 계획하며 수다를 떨었다. 토요일은 내가 가고 싶은 장소, 일요일은 유미가 가고 싶은 장소로 구성하기로 처음에 정했지만, 매주 계획 짤 때마다 유미는 자기는 나중에라도 갈 수 있다며 내가 가고 싶은 장소만 가자고 양보했다. 유미의 배려 덕분에 미련이 남지 않게 여러 장소에 가 볼 수 있었다.

나는 한국에서 즐겨 봤던 일본 드라마 《고독한 미식가》 주인공이 방문한 식당에 가보고 싶었다. 유미와 함께 매주 고독한 미식가에 방영된 여러 식당으로 향했다. 다녀온 식당 중 특히 마음에 들었던 두 곳을 소개할까 한다.

○ 이세야 식당(伊勢屋食堂)의 '돼지고기 생강구이'

주소 東京都新宿区北新宿4丁目131

방송에 나온 모습 그대로 정겹고 소박한 식당 문을 연 순간, 몇 번 와본 듯 모든 것이 낯설지 않았다. 하지만 익숙함과 함께 신기함과 설렘으로 묘한 기분도 들었다.

우린 메인 메뉴인 돼지고기 생강구이와 목, 금, 토 한정 메

뉴인 차슈멘을 주문했다. 그토록 기다려왔던 메인 메뉴가 식탁 위에 올려진 순간 우린 동시에 '야바이(やばい, 대박)'을 외쳤다.

"잘 먹겠습니다! (いただきます!)"

수북이 쌓인 양배추를 소스에 적셔 고기 한 점과 함께 입속에 넣으니 이 시간만큼은 세상에서 제일 행복한 사람은 나와 유미이지 않았을까 싶었다. 둘 다 음식을 많이 먹지 못하는 편이었는데 맛있는 음식을 남기는 건 예의가 아니라며 우린 차슈멘까지 설거지한 듯 깨끗이 싹 비웠다. 빈 그릇과 얼굴을 번갈아 보며 어디 가서 많이 못 먹는다는 말은 하지 말자며 다짐 아닌 다짐을 했다.

"잘 먹었습니다! (ごちそうさまでした!)"

이 식당에 대한 정보를 간략히 제공하자면, 새벽 5시에 문을 열고 오후 3시경 문을 닫는다. 일본어를 못해도 '고독한 미식가 세트 메뉴'가 준비되어 있어서 실패 없이 주문할 수 있다. 만약 목, 금, 토에 방문하게 된다면 차슈멘도 꼭 먹어보자. 따로 유명한 라멘집을 찾아가지 않아도 깔끔한 맛의 라멘을 만날 수 있다.

○ 카토리카 (カトリカ)의 화덕 피자

주소 東京都墨田区東向島5丁目296

방송에서 접하자마자 바로 장소를 찾아 메모해 놨던 이탈리안 음식점이다. 카토리카는 주택가에 위치한 작은 규모 가게여서 예약이 필수다. 서투른 일본어 실력으로 예약을 완벽히 해낼 자신이 없어 미루고 있었는데,

"내가 있잖아! 이번 주말 저녁 시간으로 예약할까?"

어두운 구름을 뚫고 나온 한 줄기의 빛 같은 유미의 제안이었다.

한국으로 돌아가기 일주일 전, 비가 추적추적 내리는 분위기 있는 주말이었다. 예약에 성공한 우린 저녁 식사를 하러 카토리카로 향했다. 가는 내내 내린 비 때문에 신발과 옷이 젖었지만 전혀 문제가 되지 않았다. 카토리카에 갈 수 있다는 자체만으로도 행복했기 때문이다. 들뜬 내 모습을 본 유미는 한국으로 떠나기 전 마지막 선물을 해준 것 같다며 얼굴에 웃음꽃을 피웠다.

우린 드라마 《고독한 미식가》의 주인공 고로 상처럼 골목에 서서 "하라가 헤타! (はらがへた, 배가 고파!)"를 외친 후 식당으로 들어갔다. 이곳은 파스타부터 피자, 코스 메뉴까지 다양하게 구성되어 있었지만, 주인공 고로 상이 주문했던 매운 파스타와

토마토 파스타, 그리고 초콜릿 피자를 주문했다.

그렇게 2시간 같았던 20분이 흐르고, 아주 긴(?) 기다림 끝에 주문한 음식과 마주했다. 떨리는 마음으로 한 입, 두 입 음미하며 즐겨보았다. 주문한 메뉴 중 초콜릿 피자가 인상 깊었다. 초콜릿을 특별히 즐기지 않아 주문할 때 고민했는데, 그 시간이 아까울 정도였다. 화덕 피자 도우만의 쫄깃함과 달콤한 초콜릿의 조화는 그야말로 축제의 향연이었다.

"다 먹을 수 있겠지?" 걱정했던 우리의 입에서 "한 판 더 시킬까?"라는 말까지 나올 정도였으니 말이다. 더 빠른 시일 내에 방문했더라면 두 번 이상 왔을 식당이었다. 색다른 매력을 머금은 초콜릿 피자 한판을 즐기러 가보시길 강력히 추천한다.

히비야 공원과 가마쿠라, 나만의 작은 여행들

출퇴근하는 직장인인 유미와 함께 살기에, 평일에는 둘이 아닌 혼자 보내는 시간이 대부분이었다. 내게 주어진 시간을 어떻게 보낼지 틈틈이 행복한 고민에 빠지곤 했다. 그래서 일본에서 해보고 싶었던 일들을 생각 나는 대로 실행에 옮기곤 했다.

그중에서 가장 인상 깊었던 두 곳은 히비야 공원과 가마쿠라다. 히비야 공원은 2016년 크리스마스 시즌에 혼자 떠난 도쿄에서 제일 인상 깊었던 장소다. 크리스마스 마켓이 한창이던 공원, 다가오는 크리스마스를 설레는 마음으로 기다리는 사람들로 가득했다. 이들과 함께 어울리며 마켓을 즐겼다. 그때의 설렘과 행복을 찾아 난 다시 히비야 공원을 찾았다. 아쉽게도 마켓은 하고 있지 않았지만, 올해의 공원은 설렘 대신 한적함과 여유로움을 내게 선사해 주었다. 그 시간 이후, 히비야 공원은 생각을 정리하고 싶을 때마다 방문하는 도쿄의 1순위 장소가 되었다.

"가마쿠라가 어디야?"

한국인 친구에게 가마쿠라 여행을 추천받았을 때 나의 첫마디였다. 난 도쿄 근교 소도시에 가 볼 마음이 전혀 없었다. 하지만 후지산을 볼 수 있다는 한마디에 고민할 틈도 없이 다음날 가마쿠라로 향했다. 그날은 하필 하늘에 구멍이 난 듯 소나기가 쏟아지는 날씨였다. 흐린 날씨 탓에 결국 후지산을 보지 못했지만, 바다 마을 가마쿠라만의 따뜻한 느낌을 전달받을 수 있었다.

가고자 했던 장소뿐만 아니라 발길이 지나가는 모든 공간을 놓치지 않고, 작고 큰 행복의 순간 또한 놓치지 않기 위해 노력했던 한 달이었다. 그 순간순간 덕분인지, 일본에서의 생활은 머릿속에 꿈처럼 아름답게 간직되어 있다.

에필로그

현재 난 한국에서 하반기 취업을 준비 중이다. 가끔은 넘기 힘든 벽을 마주한다. 이때마다 일본으로 한 달 동안 떠나기를 결정하고 실행에 바로 옮겼던 작년(2018년) 12월의 내 모습을 떠올리며 마음을 다잡곤 한다. 또한 일본 취업에도 관심을 가지게 되어 필요한 자격을 갖추기 위해 노력 중이다. 또 다른 도전을 하도록 발판이 되어 준 한 달간의 시간을 소중히 간직하며 글을 마무리한다.

CATTOLICA
ROMA
NAPOLI
CATTOLICA
LE VERDURE
DELL ESTATE

冬の美味

도쿄

한여름 밤의 꿈,
일본

한정규

대학교 2학년 여름이었다. 이번에야말로 알찬 방학을 보내야겠다며 신청한 해외 교류대학 단기 어학연수에 운 좋게 합격하면서 그해 여름 한 달을 도쿄에서 보내게 되었다. 일본은 처음이었다. 그동안 드라마나 영화에서나 보던 일본에서 내가 직접 생활한다니! 한 달 계획을 세우는 것만으로도 두근거렸고, 콩닥거리는 마음은 벌써 도쿄 어느 골목을 쏘다니고 있었다.

한편으로는, 오랫동안 집을 떠나 말도 안 통하는 곳에서 모든 것을 혼자서 해내야 하는 생활이 조금 걱정되기도 했다. 이렇게 설렘과 불안한 마음을 안고 나리타행 비행기에 몸을 실었다.

한 달간의 어학연수

공항에 도착하니 이번 단기 어학연수를 담당한 오이카와 교수님이 마중을 나오셨다. 말이 안 통하니 먼 길 와준 것에 대한 감사 인사는 서로 웃는 얼굴로 대신하고는 준비된 버스를 탔다.

내가 공부하게 된 도쿄 가쿠게이대학(東京学芸大学)은 도쿄 서쪽에 있어서 버스는 도쿄 도심을 지나가야만 했다. 비록 차창 너머이지만 그토록 기대하던 일본을 처음 마주했다는 사실은 꽤 감동적이었다. 오죽했으면 꽉 막힌 도로 위의 자동차 불빛마저 나를 환영하는 네온사인처럼 보였을 정도다.

기숙사에 도착해 짐만 내려놓고 늦은 저녁을 먹으러 갔다. 음식 주문을 자판기로 대신하는 모습에 감탄하는 것도 잠시, 자판기에 적힌 메뉴가 무엇인지 몰라 앞 사람이 누른 버튼을 똑같이 누르고는 내가 도대체 무슨 요리를 주문한 것인지는 뒤늦게 확인했다. 물론 음식이 나왔을 때도 내 음식을 말하는 줄도 모르고 멀뚱멀뚱 분위기를 살피다가 손을 들기도 했다.

교수님은 먼 길 오느라 고생 많았다며 학생들에게 삿포로 생맥주 한 잔씩을 시켜주셨고, 곧바로 가게 사장님이 양손에 새하얀 거품이 일렁이는 맥주잔을 들고 오셨다. 다 같이 '간빠이(乾杯, 건배)'를 외치고는 곧장 맥주를 들이켰다. 기내식을 먹은 뒤로 아무것도 먹지 못해서 식사나 빨리 나왔으면 했는데, 한 모금 마셔보니 밥 생각이 사라질 정도였다. 일본에서 마신 첫 생맥주의 기억은 날카로웠다. 일본에 도착한 지 하루 만에 맥주를 실컷 마시고 가야겠다는 새로운 목표가 생겼다.

대학생도 이제는 어른이라는 생각에 일본에서 지내는 한 달 동안 집에 손을 벌리지 않기로 마음먹었다. 그래서 지금 생각해 보면 궁상맞을 정도로 알뜰살뜰 살았다. 일본은 절약하려고 마음만 먹으면 충분히 그럴 수 있는 곳이라 생각했다.

먼저 가게 이름은 다양하지만 우리나라 다이소와 같은 '100엔숍'을 자주 이용했다. 가격도 저렴하고 품질도 꽤 좋고, 웬만한 물건은 다 갖추고 있다. 100엔숍에 없는 것이라고는 오로지 내 일본어 실력뿐이었다. 일본에 도착하고 보니 깜빡하고 안 챙겨온 물건들이 하나둘씩 드러나기 시작했다. 일본 생활에 대해 걱정한 것 치고는 내 준비가 허술했다는 사실을 알게 되었다. 그때마다 100엔숍에 달려갔다.

기숙사 세탁기는 한 번 사용하는데 100엔이었는데, 이 돈을 아껴보고자 하루는 빨랫비누를 사러 100엔숍에 갔다. 한참을 찾다가 도저히 못 찾아서 마침 지나가던 종업원을 붙잡았다. 막상 불러놓고 보니 비누를 일본어로 뭐라고 하는지 몰랐다. 일본어가 안 되니 영어로 'Soap! Soap!'이라고 말했는데, 내 발음이 안 좋은지 종업원이 좀처럼 알아듣지를 못했고, 결국엔 내 옷을 빠는 시늉을 하니 그제야 빨랫비누가 있는 곳을 안내해주었다. 비누는 셋켄(石鹼)이라고 하는데, 이름에 돌(石)이 들어가 있을 줄은 상상도 못 했다. 덕분에 셋켄은 내가 어학연수를 와서 처음 외운 일본어 단어가 됐다.

나중에 알게 된 사실이지만 일본에서 Soap(ソープ)은 퇴폐업소를 가리키는 말이라고 하니, 이때 일을 생각하면 지금도 창피하다. 그래도 이렇게 우여곡절 끝에 산 100엔짜리 빨랫비누 덕분에 한 달 세탁비를 아껴서 열심히 맥주를 마시는데 보탤 수 있었다.

또 하나 돈을 절약할 수 있는 곳이 바로 마트다. 우연히 저녁 늦게 마트에 가보니, 세상에, 도시락을 비롯한 갖가지 음식들을 적게는 10%부터 많게는 반액까지 할인을 하는 것이 아닌가! 일명 타임세일인데, 이 존재를 알게 된 뒤로는 절대 해가 떨어지기 전에는 마트에 가지 않았다. 처음에는 허탕을 친 적도 많다. 날마다 타임세일 시간이 다르기에, 어떤 날은 타임세일 전에 가서 제값 주고 사 오기도 했고, 또 어떤 날은 타임세일이 끝났는지 음식이 남아있지 않기도 했다.

몇 번의 허탕 끝에 내 나름대로 발견한 '타임세일의 법칙'(?)은, 평일은 일을 마치고 장을 보는 사람들이 많기에 타임세일 시간이 늦고, 그렇지 않은 주말은 타임세일 시간이 비교적 이르다는 것이다. 물론 어디까지나 내 경험에서 나온 법칙이니, 믿거나 말거나다.

동네 사람들은 타임세일 시각을 기가 막히게 알고서는 그 시각에 맞춰 장을 보기도 하는데, 본인이 먹고 싶은 음식 앞에서 있다가 직원이 할인 스티커를 붙이는 동시에 집어 들기도 한다. 심지어 다른 사람이 먼저 가져갈까 봐 음식을 먼저 장바구니에 넣어두었다가 할인 스티커를 붙여달라고 하는 경우도 봤다. 어쨌든 할인 스티커를 붙이는 직원은 피리 부는 사나이처럼 항상 손님들을 몰고 다녔고, 구름 떼 같이 몰려든 사람들을 발견하면 나도 그 행렬을 좇아 장바구니를 채우면서 식비를 절약할 수 있었다.

세상에 공짜는 없다

한편 조심해야 할 것도 있다. 우리나라에서는 일반적으로 소비세를 포함한 가격을 사용하지만, 일본에서는 소비세를 뺀 가격을 이야기하는 경우가 많다. 그렇다고 소비세를 안 받는 것은 아니다. 좀 더 저렴한 가격처럼 보여서 고객을 유인하려는 장치 같은데, 소비세 뺀 가격만 봤다가 막상 계산할 때는 예상했던 가격과 달라 당황했던 적이 있다. 소비세를 따로 표시하는 일본 문화에 익숙하지 않았고 세금 포함(税込), 세금 제외(税別) 글자를 몰라서였다.

또 한 가지는 바로 이자카야(居酒屋, 술집)다. 하루는 학교 선배들과 돌아다니다가 생맥주가 100엔이라고 홍보하는 것을 보고 누가 먼저랄 것도 없이 가게로 들어갔다. 들어가 보니 이렇게 작고 앙증맞은 잔은 어디서 구했을지 궁금해지는 잔에 생맥주를 가지고 왔다. 그럼 그렇지라고 생각하면서 한 잔씩만 비우고 일어서는데, 분명 마신 것은 한 잔인데 계산서에는 전혀 엉뚱한 가격이 적혀 있었다.

우리가 계산서를 들고서 모르겠다는 표정을 지으니, 주문하지도 않았는데 나온 작은 접시를 가리키는 것이 아닌가. 오토시(お通し)라는 것인데, 웬만한 술집에서 자리 잡자마자 나오는 기본 안주 같은 것이다. 싼 가격으로 유인하지만 정작 그렇게 싸지도 않았고, 일종의 자릿세처럼 손도 대지 않은 기본 안주에 맥주보다도 비싼 가격을 매기니 왠지 속은 듯한 기분까지 들었다. 이 오토시의 가격은 이자카야마다 천차만별이니, 일본에서 이자카야에 갈 분들은 참고하시길 바란다.

주의 - 지진 · 목욕탕

일본에서의 한 달은 놀라움의 연속이었다. 먼저 한국에서 한 번도 겪은 적이 없는 지진을 경험했다. 2009년 8월 11일 오전 5시 7분, 도쿄 서쪽 스루가만(駿河湾)이 진원지인 지진이 일어났다. 당시 선배가 도쿄에 놀러와 방을 같이 사용했는데, 지진을 경험해본 적이 없으니 지진인 줄은 전혀 생각 못 하고 선배가 흔들어 깨운 줄로만 알았다. 깨어보니 선배가 너무나도 곤히 자고 있어서 꿈이었구나 생각하고 다시 잠을 청했다.

아침에 일어나보니 화장실에 세워둔 샤워 용품들이 쓰러져 있었지만, 여전히 지진인 줄은 꿈에도 모르고 학교에 갔다. 그리고 첫 수업 시간에 선생님이 새벽에 지진이 있었는데 다들 괜찮았냐고 물은 뒤에야, 선배가 깨우거나 내가 꿈을 꾼 것이 아니라 지진이었다는 사실을 알 수 있었다.

당시 도쿄는 진도 3으로 비교적 작은 지진이었지만, 스루가만은 진도 6으로 제법 큰 지진이었다. 게다가 그 지역은 동일본

대지진 이후로 일본에서 가장 우려하는 지진 중 하나인 도카이 지진(東海地震)이 예상되는 곳이어서 지금 생각해도 아찔하다. 참고로 지진을 대비하여 일본 사람들이 머리맡에 두고 자는 물건 세 가지가 있는데, 낙하물로부터 머리를 보호하는 헬멧, 유리 파편 등으로부터 발을 보호하는 슬리퍼, 그리고 야간 지진을 대비하는 손전등이다. 혹시 일본에서 지내실 분들은 참고하시기 바란다.

또 한 가지 놀라운 일은 목욕탕에서 일어났다. 한국에서처럼 옷을 훌러덩 벗고 목욕탕에 들어가니 모두 수건으로 중요 부위를 가리면서 다니는 것이 아닌가. 이것도 일본 문화인가 싶으면서도 참 부끄럼 많은 사람들이라고 생각했다. 그러고는 목욕을 하는데 내 눈을 의심하게 되는 일이 벌어졌다. 누가 봐도 아주머니인 분이 남탕 안에서 세신을 하고 있는 것이었다. 그래서 다들 그렇게 탕 안에서까지 수건을 들고 다니면서 필사적으로 가렸던 것인가 하는 생각이 들면서, 이때부터는 아주머니 쪽이 영 신경에 거슬려 편하게 씻지도 못하고 빨리 나가고만 싶어졌다.

그렇게 서둘러 씻고 탕을 나서니 웬걸, 탈의실을 정리하는 직원도 아주머니였다. 결국엔 도망치듯이 목욕탕에서 나왔는데,

혹시라도 일본에서 목욕탕이나 온천에 갈 남자분들은 조심(?)하시기 바란다.

이러니저러니 해도 끝이 좋으면 다 좋다

말도 안 통하는 곳에서 좌충우돌하면서도 한 달간의 어학연수를 마치고 선배와 함께 일주일간 자유여행으로 교토에 갔다. 그리고 여행 첫날부터 길을 잃어버렸다. 지금이야 구글 지도를 보고 길을 찾거나 번역 앱으로 길을 물어볼 수라도 있겠지만, 당시엔 오로지 여행책과 종이지도에만 의존해서 길을 찾아가야 했다. 일본에 가기 전에 지인에게서 '일본은 야쿠자들도 9시 되면 집에 간다'라는 얘기를 들었는데 과연 그랬다. 그렇게 늦지 않은 시각인데도 불구하고 거리에서는 좀처럼 인적을 찾아볼 수 없었다.

그러다가 운 좋게 퇴근길인 듯한 여성 한 분이 누가 봐도 길을 헤매고 있는 듯한 나를 보고 도와주었다. 역시나 말이 안 통해 여행책에 나온 숙소 '도지안(東寺庵)'(지금도 이름을 잊어버릴 수가 없다)을 가리켰고, 전화를 해보더니 숙소가 이사했다며 나를 안내해주겠다고 했다.

그런데 그사이에 이번엔 선배가 없어졌다. 각자 지도를 들고 여기저기 기웃거리다가 모르는 사이에 헤어진 것이다. 일단 숙소까지 가는 길을 알아두기 위해 헨젤과 그레텔이 된 심정으로 길을 외우면서 숙소로 향했다. 숙소에 도착하고 얼마 뒤, 선배는 경찰과 함께 숙소에 나타났다. 친절한 일본인들 덕분에 무사히 상봉하여 교토 여행을 시작할 수 있었다.

교토 여행을 마치고 도쿄로 돌아오니 어학연수에 참가했던 사람들은 모두 각자 귀국했고 기숙사에는 나와 선배만 남게 되었다. 우리도 각자 방에 가서 귀국할 짐을 싸는데 누군가 방문을 두드렸다. 기숙사 관리인인 기무라 아주머니였다. 다음날 귀국하는 것을 알고는 전통 과자와 스모 선수들의 이름이 적힌 표를 선물로 주셨다. 그동안 오가며 인사한 것이 전부였는데 이렇게 따로 찾아와 선물까지 주니 너무나 고마웠다. 나도 교토에서 사 온 기념품을 주려고 했는데 한국에 가져가 가족들 주라며 한사코 받으려고 하지 않았다. 그날 밤 나는 사전을 찾아가며 편지 한 장을 써서는 관리실 문 밑에 밀어 넣고 왔다.

돌이켜보니 일본에서의 한 달은 눈 깜짝할 새에 지나갔다. 어느 하루 똑같은 날이 없었고, 특별하지 않은 날이 없었다.

일본에 가기 전에 가졌던 막연한 걱정은 첫날 마신 생맥주 덕에 싹 가셨다. 일본어 대신 내 손짓과 발짓이 통했을 때는 짜릿하기도 했고, 기다리던 도시락을 반액에 샀을 때는 상당한 만족감을 느끼기도 했다. 얼토당토않은 계산서에는 어이가 없었고, 지진과 목욕탕은 충격 그 자체였다.

하지만 이러니저러니 해도 끝이 좋으면 다 좋다는 일본 속담처럼, 마지막에는 좋은 사람들만 만나 좋은 기억만 안고 집으로 돌아왔다. 마치 한여름 밤의 꿈과 같은 한 달이었다. 그리고 나는 그 꿈으로 현실로 돌아온 나를 위로하고 북돋울 수 있었다. 오늘 밤은 왠지 좋은 꿈을 꿀 것만 같다.

에필로그

처음 일본에 갔던 것이 올해로 딱 10년 전이다. 보통은 여행으로 일본에 처음 가지만, 나는 처음부터 일본에서 한 달 살기였다. 그리고 이 한 달은 내게 강렬한 인상으로 남아, 지금은 일본의 한적한 지방 도시에서 생활하고 있다. 일본에서 한 달 살기가 결국 일본에서 살기로 연결된 것이다.

여행으로 오는 일본과 한 달 생활하는 일본이 다르듯, 돌아갈 날을 정하지 않고 지내는 일본은 또 다르다. 매일 비슷한 시간을 공유하고 거리의 풍경은 크게 변하지 않지만, 하루하루가 새롭고 즐겁다. 일본에 처음 왔던 한 달이 하룻밤 꿈과 같았다면, 지금은 인생에서 긴 휴가를 받은 것만 같다. 오늘도 추억을 만든다는 생각으로 일본에서의 하루를 보낸다.

도쿄

도쿄,
일하면서 여행하기

조은혜

6 pm, 신주쿠역 한복판에서 메일 알람이 울렸다. 바쁘게 오가는 사람들을 피해 지하철역 구석으로 갔다. 핸드폰을 꺼내 내용을 확인했다. 진행하고 있는 외주작업의 간단한 수정요청이었다. 누구도 나에게 당장 일을 처리하라고 말하지 않았지만, 엄청난 스트레스가 몰려왔다. 초보 프리랜서, 초보 여행자가 할법한 멍청한 하루하루를 도쿄에서 반복하고 있었었다.

8년 만에 다시 찾은 도쿄

2000년대 초반 스무 살, 도쿄에 있는 게임회사에 다니고 싶다는 생각으로 유학을 결심하고 무작정 일본으로 갔다. 히라가나와 가타카나만 겨우 아는 정도로 일본에 가서 어학교를 다녔다. 디자인 전문학교 2년을 거쳐 1년의 직장생활까지 약 4년간 도쿄에서 생활했다. 그 후 영국대학으로 편입하게 되었고, 또다시 유학생 신분을 거쳐 영국에서 직장생활을 했다. 한동안 일본에는 가지 못했다.

2015년, 영국에서 다니던 회사를 그만두고 한국에서 새로운 생활을 시작하기 전, 도쿄에 가보고 싶다는 생각을 했다. 회사

다니면서는 쉽게 하지 못하는 긴 여행을 해보고 싶었다. 왕복 비행기 표를 예약하고 에어비앤비에서 7주간 살 집을 빌렸다.

디자인이란 직업 특성상 인터넷과 컴퓨터만 있으면 사무실에 출근하지 않아도 가능한 일들이 있어서, 런던 회사에서 하던 일 몇 개를 그대로 가져와 이어서 할 수 있었다. 그리고 운 좋게도 일본으로 건너오기 전 한국에서도 몇 건의 일을 구할 수 있었다. 출발하기 전에는 '이게 사람들이 말하는 디지털 노마드인가? 노트북과 인터넷만 있으면 돈 벌면서 이 나라 저 나라 여행 다니면서 살 수 있다니 좋은 세상이야!'란 생각에 신이 났었다.

돌아올 날이 정해지지 않은 유학생, 외국인 노동자 신분이었기에 1년 오픈 또는 편도 표를 끊고 지내기를 10년 정도 반복했었다. 그러다가 돌아올 날짜가 정확히 정해진 비행기 표를 사니 기분이 색달랐다. 2~3일 또는 일주일처럼 짧게 다녀오는 여행의 경험은 있었지만, 해외에서 여행자 신분으로 7주를 머무른다는 것은 또 다른 느낌이었다.

게다가 도쿄는 먼 옛날이 되어버린 스무 살, 내가 유학을 결심하고 처음 한국을 벗어나 생활했던 도시라 의미가 남달랐다. 유학 당시 유학원에서 만난 사람들과 같이 비행기를 타고 이동, 도쿄에 도착해서는 각자 등록한 기숙사로 가게 되었다.

안내를 받아 들어간 텅 빈 기숙사 방에 나와 내가 끌고 간 여행 캐리어 하나만 덩그러니 남았다. 비로소 '와 정말 나 혼자구나'라고 실감했다. 그 순간의 기억은 아직도 생생하다.

스무 살, 최소 생활비와 학비만 들고 도쿄에 무작정 갔었다. 지금은 경제활동을 하고 금전적으로도 여유가 생겼다. 스스로 번 돈으로 해외에 7주간 머물 수 있게 된 자신을 기특해하며, 예약해 둔 숙소로 향하는 발걸음은 가벼웠다.

7주 동안 뭘 할 거야?

친구들이 7주 동안 뭘 할 거야? 라고 물어보면 딱히 시원한 대답을 할 수 없었다. 우선 시간이 많으니 새로운 동네를 하루에 한군데씩 둘러보고, 예전에 도쿄에 살 때 못 가서 아쉬웠던 곳도 가보고, 막연히 도쿄 디즈니랜드를 갈 거야… 라고 생각하고 있었다.

그렇다. 도쿄에서 4년을 살았지만, 그 4년 동안 후지산도 디즈니랜드도 못 가본 사람이 나다. 후지산은 어학교 다닐 때 단체 여행 신청을 받아서 참가비는 냈지만 그날 늦잠을 자서 못 갔고,

디즈니랜드는 가난(?)해서 못 갔던 것 같다.

지금도 그렇지만 도쿄에서 생활했을 때도 열렬한 음악팬이었다. 학생일 때는 아르바이트 급여, 직장인이 된 후에는 월급 중 많은 금액을 HMV와 타워레코드에 갖다 바쳤다. 여유 자금이 생기면 음악 시디와 공연 티켓을 사느라 도쿄 외 다른 도시로 여행을 가본 적도 없고, 제일 멀리 가본 여행지가 당일치기 요코하마였던 걸로 기억한다. 그래서 가끔 친구들과 대화하다가 도쿄 디즈니랜드도 안 가봤다 하면 '아니, 4년 동안 도대체 뭐 했어?'란 소리도 듣는다.

그래, 우선 이번 도쿄에서 살기의 큰 목표는 디즈니랜드, 온천 그리고 소닉매니아로 정했어!

비행기 표, 숙소는 해결했으니 여행계획은 나중에 세우자

숙소는 도쿄 외곽인 '신유리가오카'로 정했다. 급행을 타면 30분 만에 신주쿠역에 도착하고, 상대적으로 숙소비용이 저렴해서 장기체류 시 괜찮은 것 같다. 방을 빌리는 비용은 한 달에 약 90~100만 원 정도로 서울의 오피스텔 단기 임대가격과 비슷했다. 에어비앤비(숙박 공유 사이트. 호스트는 집의 남는 방을 빌려주고, 게스트는 돈을 내서 서로의 문화를 공유하는 숙박 형태)를 이용했는데 보증금 지급을 안 해도 되고, 머무르는 동안 인터넷, 전기세 등을 신경 쓰지 않아도 되는 장점이 있었다.

한 달 이상 체류하면 숙소비용이 가장 큰 문제인데 보증금과 복잡한 절차가 귀찮다면 에어비앤비도 나쁘지 않은 선택이다. 대신 개인 간 거래이기에 이용자 후기를 꼼꼼히 읽어보고 호스트가 숙소 설명을 얼마나 자세히 해 놓았는지 체크해야 한다.

이 도쿄여행이 나의 첫 에어비앤비 이용이었는데 꽤 성공적이었다. 독신자 아파트는 아담하고 깔끔했으며 호스트는 매우 프로페셔널했다. 안내가 필요한 내용은 사전에 PDF 파일로 보내주었고 아파트에는 청소기, 세제, 주방 조리도구 등 필요한 생활용품이 다 있어서 7주 머무르는 동안 마주칠 일도 없었다.

단기로 여행을 간다면 교통이 편리한 지역의 호텔을 추천한다. 장기간 머물면서 누구의 방해도 받고 싶지 않다, 오롯이 혼자 조용한 여행을 즐기고 싶다면 에어비앤비를 통해 빈 아파트 빌리기를 추천한다.

여행 갈 때 사전에 자세하게 조사하고 계획을 철저하게 세우는 사람이 있는가 하면, 그때그때 충동적으로 다니는 사람이 있는데, 난 후자에 더 가깝다. 비행기 표와 머물 곳만 해결되면 2박 3일 짧은 여행을 갈 때도 딱히 계획을 세우지 않는다.

여행 가서 발 닿는 대로 보고, 못 보면 인연이 아닌가 보다 하고 돌아오는 편이다. 그런데 하물며 7주라니! 시간도 많은데 나머지 상세 여행계획은 우선 도착한 다음 생각하기로 했다.

동네 탐험 - 좋아하는 건 커피, 갤러리, 뮤직숍

여행계획이라고 해봤자 일어나서 동네 커피숍을 가거나 집에서 노트북으로 3~4시간 일하고 오후에 외출, 하루에 한 동네씩 정해서 돌아다녀야지라고 막연히 생각하고 있었다. 그 외에 도쿄 외곽 지역 여행하기, 온천 가기, 도쿄 디즈니랜드 가기, 갤러리, 커피숍, 아트페어 가기, 그리고 유일하게 한국에서 미리 예매해놓은 소닉매니아(매년 여름 도쿄·오사카에서 열리는 록 페스티벌 '섬머소닉'의 저녁 타임 공연)에 가기가 이번 여행에서 하고 싶은 일들이었다.

천성이 게으르고 충동적이라 구체적인 계획을 세우고 실행하는 일에 매우 약하다. 그날그날 일어나 보면 가보고 싶은 곳이 생각나겠지 뭐. 여행 초기에는 가이드북에 나와 있는 유명한 지역부터 하나씩 가봤다. 예전에 자주 놀러 다녔던 장소, 출퇴근길이었던 곳도 다시 눈으로 확인하고 싶었다. 내가 자주 갔던 지역은 그대로일까? 어떻게 바뀌었을까?

매일 다니던 곳에 가보니 기분이 묘했다. 2년 동안 아르바이트를 했던 우에노 공원의 편의점, 더 복잡해진 것 같은 신주쿠역, 아직도 자리를 지키고 있는 뮤직숍 '디스크유니온', 시부야의 '타워레코드'. 내가 기억하던 장소가 그대로 있네, 생각보다 많이 안 변한 것 같아.

도쿄는 생각보다 물가가 안 올랐고, 의외로 아직도 실내흡연공간이 많았다. 소비세가 5%에서 8%가 되었지만, 내가 즐겨 마시던 편의점 립톤티는 여전히 100엔이었고, 과자나 군것질거리 물가는 예전과 비슷했다. 2003년, 20살 초반에 왔을 때는 서울보다 뭐든지 너무 비싸서 놀랐는데 그동안 서울은 지나치게 올랐고 도쿄는 생각보다 그대로였다. 이때는 영국에서 살다 온 지 얼마 지나지 않은 시점이어서, 서울보다는 런던 생활과 모든 것을 비교하며 다녔다. 확실히 영국보다는 물가가 저렴해서 굉장히 행복했다.

지하철 또는 거리를 걷다 보면 벽에 크게 걸려있는 전시 포스터를 보게 된다. 가보고 싶은 전시는 사진으로 찍어놓고 메모했다. 하루에 한 동네씩 천천히 돌아다니면서 새로운 브랜드를 찾아다녔다. 걷다가 피곤하면 작은 커피숍에 들어가 휴식을 취했다. 아이스 커피를 홀짝이며 새로 발견한 브랜드의 웹사이트를 구경하는 재미가 쏠쏠했다.

한 달 이상을 살다 보니 마음에 든 가게를 여러 번 갈 수 있었다. 도쿄에 있는 동안 한 일본 브랜드 디자이너의 옷이 마음에 들어서 생각날 때마다 들락거렸더니, 나중에는 점원이 내 얼굴을 기억하고 먼저 인사를 건넸다. 인터넷으로도 많은 정보를 얻을 수 있는 시대지만, 현지에서 실제 발로 뛰며 내 취향의 가게나 장소를 우연히 발견하게 되는 기쁨은 각별했다.

여행 중이지만 일도 해야 한다

한 달 이상 머무는 여행에서는 관광객도 아니고 그렇다고 완벽한 로컬(현지인)도 아닌 반쯤 걸쳐져 있는 생활을 경험할 수 있다. 내 일과는 보통 이랬다. 오전 9, 10시쯤 일어나서 씻고, 숙소에서 일하거나 노트북을 들고 근처 커피숍으로 가서 이메일을 체크한다. 해야 할 일을 처리하고 클라이언트에게 메일을 보낸다. 그리고 오늘은 어디에 가볼까 하는 즐거운 고민에 빠져든다.

오후 3~4시쯤 지하철을 타고 가보고 싶었던 동네를 둘러본다. 집에 돌아와 다시 1~2시간 이메일 체크와 일을 하고, 자정~새벽 2시 사이에 잠자리에 들었다. 이상적인 스케줄이라 생각했고 초반에는 잘 지켜지는 것 같았는데 얼마 지나지 않아 문제가 생겼다.

클라이언트 대부분이 유럽에 있어서 시차가 있다. 그러다 보니 내가 한참 일본에서 신나게 돌아다니고 있을 오후 6~7시부터 업무 피드백이 왔다. 게다가 풀타임 프리랜서가 된 지도 얼마 되지 않아 모든 경험이 생소해서, 갑자기 생기는 상황에 대한 대처가 어설프고 걱정도 많았다.

일본에 갔을 때는 7~8월로 한여름이었다. 주로 낮에는 커피숍에서 일하고 조금 선선해지는 오후부터 저녁 시간에 돌아다니자는 계획이었는데, 한참 신나게 놀고 있을(!) 오후 6~7시에 울리는 수정요청 메일 알람이란! 그 누구도 나에게 지금 당장 수정 파일을 올려달라고 하지 않았다. 하지만 신주쿠역 한복판에서 울리는 업무 메일 알람이 주는 스트레스는 강렬했다.

지금 생각해보면 당시의 나는 일과 생활의 경계가 모호해진 상황을 처음 맞이하고 있었다. 프리랜서 초보다 보니 일 모드, 휴식 모드의 ON & OFF 스위치가 만들어지기 전이었다. 정해진 근무시간이 없으니 아침에 눈 떠서 다시 잠들 때까지 일 생각을 멈출 수가 없었다.

드라마나 영화에서 보는, 노천카페에서 커피 마시며 노트북으로 작업하는 우아한 프리랜서의 모습! 그런 장면을 재현하려면 우선 노트북을 들고 밖으로 나가야 하는데 이게 생각보다 무겁단 말이지. 쇳덩어리는 아무리 작아도 무거워.

매일 아침 본격적으로 일과를 시작하기 전 침대에 누워서 '그냥 집에서 작업할까? 그럼 도쿄까지 온 의미가 없지 않나? 근데 장비 다 짊어지고 나가려니 너무 무겁다. 마감까지 시간 좀 남았는데 오늘은 그냥 놀까? 그러다 갑자기 급한 일 들어오면 어떻게 하지?' 등등, 갖가지 생각이 머릿속을 빙글빙글 돌다가 결정을 내리지 못하고 시간을 허비하는 경우도 꽤 많았다.

어느 날은 급한 수정 건이 들어올까 너무 불안한 나머지, 노트북을 메고 밖에 나가 코인 로커에 넣고 돌아다닌 적도 있었다. 그 와중에도 놀아야 한다는 의지로 노트북을 메고 나간 게 대단한 것인지, 걱정을 사서하고 없으면 만들어서 하는 내 성격이 이상한 것인지 지금 생각해도 애매하다.

어느 날은 일이 너무 많아서 종일 숙소에 박혀 노트북만 두들겨 댔고, 어느 날은 아침 일찍 일어나 에노시마 해변에 다녀오기도 했다. 또 어떤 날은 갑자기 예술혼을 불태운다고 큰 공장지대인 가와사키에 드로잉 하러 다녀오기도 했다. 여행 초반에는 일과 여행의 밸런스를 못 맞춰서 계속 스트레스를 받았고, 중반부터 좀 유연하게 대처했던 것 같다.

돌이켜보면 만족스러운 7주였다. 도쿄에서 하고 싶었던 일도 다 했고, 가고 싶던 곳도 거의 다 다녀왔다. (장하다!) 물론 디즈니랜드도 다녀왔다! 돈을 벌기 위해 일도 하며, 여행자라는 기분도 느낄 수 있는, 묘하지만 매력적인 시간이었다.

각자의 사정에 따라 한 달 살기가 매우 큰 도전이 될 수 있고 막연하게 느껴질 수도 있다. 기회가 오면 우선 저지른 다음 고민하라고 이야기해주고 싶다. 그런 면에서 도쿄는 한 달 살기를 처음 시도하기에 괜찮은 도시다. 한국과 비슷한 점이 많고 가까우며, 다양한 분야의 마니아들이 많다. 찾고자 마음먹으면 없는 게 없는 곳이다. 적당히 일상생활을 유지하면서 이방인의 기분을 느끼고자 하는 사람에게 도쿄 한 달 살기를 추천하고 싶다.

1인 가구를 위한 소량의 식자재, 도시락, 생활용품도 저렴하다. 상품도 다양해서 고르는 재미도 있고 생활의 편리함을 도와주는 아이디어 상품도 많다. 슈퍼마켓 마감 시간이 가까워지면 시작하는 파격 할인도 매우 유용하다. 도쿄탐험을 마치고 저녁 늦게 숙소로 돌아오는 길에는 항상 슈퍼에 들러서 반액 또는 30% 할인 스티커가 붙어있는 도시락, 푸딩을 사곤 했다.

7주간의 긴 여행 - 이라기보다는 체류가 더 어울리는 생활을 마치고 돌아온 이후에도 매년 디자인페스타(아트페어) 참가 또는 관람을 위해 5월과 11월에는 짧게 도쿄를 방문하고 있다. 가끔은 신유리가오카의 작은 아파트, 동네에 있던 레스토랑과 사랑해마지않는 카보챠 타르트(단호박 타르트)가 있어서 자주 갔던 도토루 카페가 생각난다.

지금의 나는 생활을 위한 일과 하고 싶은 일 사이를 왔다 갔다 하며, 시행착오를 반복하는 나날을 보내고 있다. '그래픽 디자이너 & 일러스트레이터'란 타이틀로 일을 하며, 그래픽 강의를 나가기도 한다. 시간이 꽤 지났지만, 기회가 된다면 또다시 도쿄에 한 달 정도 체류하면서 매일매일 특별할 건 없지만 내가 좋아하는 장소와 색다른 즐거움을 찾아다니는 일상을 반복해 보고 싶다. 덧붙여 개인적 욕심으로는, 다음 여행에서는 처음부터 끝까지 손그림와 손글씨로 도쿄에서의 나의 아름다운 일상을 기록한 여행기를 만들어 보고 싶다.

도쿄

내 인생의 터닝포인트,
일본 셰어하우스
이야기

전지혜

지금으로부터 약 10년 전, 대학 4학년이었던 나는 큰 갈림길에 서 있었다. 이대로 대학을 졸업할지, 아니면 휴학을 하고 새로운 도전을 할지 망설이고 있었다. 고심 끝에 4학년 2학기만 남긴 채 휴학, 대학 생활 내내 아르바이트로 틈틈이 번 돈을 가지고 일본으로 떠나기로 했다.

당시 나는 실내 건축학도였지만, 고등학교 때부터 꾸준히 취미로 일본어를 독학하고 있었다. 어느 정도 의사소통은 가능했지만, 정말 딱 독학으로 얻을 수 있는 언어 수준이었다. 돌이켜보면 그때 일본에 다녀와서 향상된 일본어 실력이 나의 인생을 180도 뒤바꿔놓았다.

집 구하기

낯선 환경을 두려워하고 낯가림도 심한 내가 외국에서 살아보겠다고 결심한 것 자체가 엄청난 모험이었다. 그래도 일본에서 살아보고 싶었던 가장 큰 이유는 일본어를 쓰면서 생활하는 경험을 해보고 싶었고, 일본어 표준어를 현지인처럼 구사하는 능력도 갖추고 싶었기 때문이다. 또한, 건축을 전공하고 있어서 일본의 건축물, 특히 주택을 많이 보고 싶다는 생각도 있었다.

지역은 도쿄로 정하고 그다음 고민은 '어디서 살 것인가?'였다. 당시 새롭게 붐이 일고 있었던 '셰어하우스'가 가장 먼저 후보로 떠올랐다. 셰어하우스(Share House)란 여러 사람이 집 하나를 함께 나눠서(share) 생활하는 주거(house) 형태로, 개인 방을 하나씩 쓰고 거실이나 주방, 화장실 등은 같이 사용한다.

한국에서 4년간 혼자 살았고 워낙 낯가림도 심한 터라 남들과 부딪히며 살 수 있을지가 심각히 고민되었다. 하지만 이때가 아니면 생판 남이랑 언제 살아보겠냐는 생각이 들었다. 이참에 내 성격도 고쳐 보자는 생각으로 미친 척하고 셰어하우스를 위주로 집을 알아봤다.

신주쿠나 시부야처럼 너무 번화한 곳과 한국인이 많이 거주하는 신오쿠보는 거주지 후보에서 제외했다. 교통의 편리함도 중요하지만, 현지인들의 주거 생활 속에 녹아들어 살아보고 싶었다. 무조건 조용한 주택가가 있는 동네 위주로 찾아봤다.

한국에서 알게 된 일본 현지인에게 얻은 정보를 바탕으로 조용하고 생활하기 쾌적하다는 네리마구, 스기나미구, 도시마구, 이타바시구를 중심으로 셰어하우스를 찾아다녔다. 하지만 내가 원하는 조건과 상태, 기간이 맞는 셰어하우스를 찾기는 매우 힘들었다.

지역을 조금 더 넓혀서 찾아봤다. 그러다가 정말 마음에 쏙 드는 곳을 발견했다. 역까지 도보 1분, 역 근처에 도서관, 마트, 식료품점이 있는 상점가가 있었다. 심지어 집까지 마음에 쏙 드는 데다가 무려 세타가야구(유명인들이 많이 사는 부촌)였다. 망설일 필요 없이 바로 관리인에게 메일로 문의했고 열정적으로 어필한 끝에 계약하게 되었다.

입주하기

사실 처음에 너무 겁이 났다. 이런 기회가 또 언제 찾아오겠냐는 심정으로 일은 막 벌여 놨지만, 낯가림 심한 내가 어떻게 남들과 함께 한집에서 살 수 있을지 걱정이 되기 시작했다.

'다들 이미 서로 친하니까 나는 그사이에 끼어들지도 못하고 소심한 사람처럼 혼자 살듯이 지내다가 나오는 거 아냐?' 등등 별생각이 다 들었다.

그러다 문득 '앞으로 같이 살 친구들을 처음 만났을 때 어떻게 말하고 나를 소개하지?'라는 생각이 들었다. 우선 친구들과 인사말이라도 트고 싶은 마음에 한국에서 소소한 선물을 준비해 갔다. 마치 새로 이사 와서 떡을 돌린다는 생각으로 말이다. 자그마한 물건들을 넣을 수 있는 복주머니를 선물로 준비했다.

일일이 방을 찾아가서 선물을 건네주기에는 도무지 용기가 나지 않았다. 다들 직업도, 생활 방식도 제각각이니, 거실에 있다가 한 명씩 인사를 하기로 마음먹었다. 그런데 내가 살기로 한 셰어하우스에는 거실이라고 할 만한 공간이 없었다. 동거인들과 함께 이야기를 나누려면 부엌에 있어야만 했다. 나는 입주 첫날 준비해온 선물을 들고 저녁 내내 부엌에 앉아 있었다.

잔뜩 긴장한 상태로 동거인들을 기다렸다가 말을 건넸는데 다행히 하나같이 착하고 친절했다. 셰어하우스에 들어와 있는 사람들 대부분은 열린 마음을 가진 것 같다. 모두 활발하고 사교적인 성격의 소유자였다.

나중에 셰어하우스에 같이 살았던 일본인 친구는 모든 일본인이 우리 셰어하우스에 사는 사람처럼 오픈 마인드가 아니니 조심(?)하라고 일러주었을 정도로 그곳 친구들과 잘 지냈다. 덕분에 첫날부터 소심함에 쪼그라들었던 마음이 조금씩 펴졌다. 그리고 친구들에게 다가갈 수 있는 용기도 많이 얻었다.

일본어로만 대화할 수 있는 환경

거주지로 도쿄를 선택한 큰 이유 중 하나는 일본어를 표준어로 잘 구사하고 싶었기 때문이다. 셰어하우스에는 나 말고 한국인이 한 명 더 있었고 일본인 8명 같이 살았다. 가능한 일본어만 쓰고 싶은데 한국어를 쓸 수밖에 없는 환경이었다. '어떻게 하지?'하고 고민하던 차에 한국인 언니가 먼저 '우리끼리도 일본어로 말하는 게 어떻겠냐?'라는 제안을 해왔다. 나와 같은 생각을 하고 있었다니! 타지에서 한 지붕 아래 사는 '한국인'이었던 우리 둘은 시간이 맞을 때마다 부엌 식탁에 앉아서 '일본어'로 수많은 대화를 나눴다. 6살 나이 차가 무색할 정도로 취향이 비슷하고 대화가 잘 통했다. 일본어로만 대화할 수 있는 환경을 조성해줘서 일본어 실력 향상에 큰 도움을 준 언니에게 지금도 감사한 마음이다.

친구 사귀기, '타다이마'와 '오카에리'

일본어만 사용할 수 있는 환경이 갖추어지니 그다음으로 셰어하우스 동거인들과 친구가 되고 싶었다. 사실 특별한 방법은 없었다. 그저 첫날 인사할 때처럼 틈날 때마다 부엌 식탁에 앉아서 마주치는 친구에게 말을 걸었다.

셰어하우스에 들어와 살기 전까지는 '10명이나 되는 사람이 모여 사니 아침, 저녁마다 복닥복닥하며 살지 않을까?'라며 걱정했는데 전혀 그렇지 않았다. 회사에 다니는 친구는 두 명, 나머지는 대학생이나 프리랜서 번역가, 취업준비생, 프리터(아르바이트만으로 생계를 꾸려나가는 사람), 라이브하우스 매니저 등이었다. 다양한 직업군 덕분인지 밥을 먹거나 화장실을 가거나 부엌을 쓰는 시간대가 예상보다 서로 겹치지 않았다.

그래서 9명이나 되는 동거인과 한 번씩 이야기해보려면 다양한 시간대에 부엌에 있어야만 했다. 나는 외출할 때를 제외하고 집에 있을 때는 웬만하면 부엌에 있으려고 했다. 사실 그렇게 힘든 일도 아니었다. 부엌에 TV까지 놓여 있으니 TV를 보거나 책을 읽거나 노트북으로 내 할 일을 하면서 누군가 오기만을 기다리면 되었다.

부엌에 있는 시간이 많아지다 보니, 동거인 9명의 삶을 하루하루 속속들이 들여다볼 수 있었다. 회사나 학교에서 있었던 일을 들을 수 있었고, 오늘 내가 어떤 일을 겪었는지도 말했다. 음식을 준비하거나 먹으면서도 함께 이야기를 나누었다. 우리들의 정겨운 대화와 함께 셰어하우스에서의 소중한 시간이 차곡차곡 쌓여갔다.

동거인들이 집으로 들어오며 "타다이마(다녀왔어)"라고 말하면 내가 "오카에리(어서 와)"라고 맞이해주었다. 반대로 내가 집에 들어오며 "타다이마"라고 말하면 "오카에리"라고 맞이해주는 사람이 있었다. 그 따뜻한 순간순간, 셰어하우스에서 살길 정말 잘했다는 생각이 들었다. 어느 순간부터 낯섦이 주는 어색함에 몸부림치며 걱정하던 나의 모습은 온데간데없어져 있었다.

그렇게 서로의 고민과 일상을 공유한 덕분인지 그때 사귄 친구들과 서로의 결혼식을 오가며 10년째 여전히 연락을 주고받고 있다.

동네 산책하기 - 노다메와 치아키 선배의 집이 우리 동네에!?

일본에 있는 동안 집 근처나 거리 산책하기를 좋아했다.

전공이 실내건축이었던 탓에 자연스레 건축물에 관심을 가지게 되었다. 특히 주거용 건물에 관심이 많아서 우리나라와 다른 일본의 집을 보면서 자주 걸어 다니곤 했다. 전공 공부도 되고 기분 전환에도 그만이었다.

그러던 어느 날, 여느 때처럼 동네를 산책하다가 전철역 출입구 기준으로 셰어하우스 방향이 아닌 반대쪽에 가보기로 했다. 평일 낮의 주택가, 7월 말의 무더위 때문인지 길에는 사람이 별로 없어서 사진을 찍으며 산책하기에도 좋았다.

눈에 띄는 건물들을 카메라에 담으며 걷는데 눈에 익은 건물이 하나 보였다. 콘크리트 건물에 노란색의 특이한 입구…? 이건 혹시 노다메와 치아키 선배가 살던 맨션?! 당시 나는《노다메 칸타빌레》라는 일본 드라마의 열성적인 팬이었다. 노다메와 치아키는 그 드라마에 나오는 등장인물인데 한눈에 봐도 드라마상에서 그들이 살았던 건물임이 분명했다.

하지만 내가 사는 동네에, 그것도 내가 지내는 셰어하우스에서 걸어서 채 5분 거리도 되지 않는 곳에 드라마 속 노다메와 치아키 선배가 사는 집이 있다는 사실이 믿기지 않았다. 당장 확인하고 싶었지만, 당시는 스마트폰이 아니어서 일단 핸드폰 카메라로 사진을 찍어 집에서 확인하는 수밖에 없었다.

서둘러 집으로 돌아가 노트북을 켜서 인터넷에서 확인해보니 이럴 수가! 진짜 내가 사는 동네가 드라마 속 노다메와 치아키 선배가 사는 동네였다. 열렬히 좋아하는 드라마 배경 속에 내가 살고 있었다니! 몇 번을 확인해도 믿을 수가 없었다. 그날 저녁에 셰어하우스 친구들에게 보여주니 아무도 모르고 있었다.

'팬이라는 사람이 그것도 모르고 뭐 했느냐?'라고 생각할 수 있겠지만, 아무리 좋아해도 촬영지 가볼 생각은 못 하는 뇌 구조의 소유자로서는 엄청난 사건이었다. (2년 전에는 에노시마를 방문했을 때 우연히 눈에 띄는 골목에 들어갔다가 일본 영화《양지의 그녀》촬영지를 발견했다)

이 일을 계기로 익숙한 동네에서 새로운 무언가를 발견하는 묘미에 빠져서 어딘가를 여행할 때 '이 작은 골목길 안에 어떤 보물 같은 풍경이 숨겨져 있지 않을까?' 하고 설레는 마음으로 들어가 보는 습관이 생겼다.

내 인생의 롤 모델을 만나다

친구들이나 어른들이 나에게 물었다.

"넌 꿈이 뭐니?"

그때마다 나는 이렇게 대답했다.

"글쎄(요)…. 아직 잘 모르겠어(요)."

일본에서 살아보기 전까지 평생 내 꿈이 무엇인지도 모르고 살았다. 무슨 일을 하고 싶은지, 무슨 일을 해야 하는지, 내가 잘하는 일이 무엇인지도 전혀 알지 못했다. 그래서 '내 꿈이 무엇이다!'라고 당당히 말할 수 있는 사람이 굉장히 부러웠다.

그랬던 내가 일본 셰어하우스에서 내 평생의 롤 모델을 만나게 되었다. 그녀는 9명의 동거인 중에서 나보다 10살 많은 '마리링'이라는 별명을 가진 친구였다. 사실 한국에서는 친구라고 부르기 힘든 나이 차이지만, 셰어하우스에 사는 친구들끼리는 '서로 존댓말이 아니라 반말하기'가 원칙이어서 나이에 상관없이 말도 놓고 허물없이 지냈다. 그 친구와도 당연히 편하게 반말로 이야기를 나누는 사이였다.

그녀의 직업은 프리랜서 번역가다. 그전에는 프리랜서를 만나본 적이 없어서 그녀의 직업을 알게 되자 큰 관심이 갔다.

그녀는 교토대학교를 나와서 전공과 전혀 무관한 번역 일을 하고 있었다. 심지어 영어권 나라에서 6개월 남짓 잠시 체류했을 뿐인데 일본어를 영어로 번역할 수 있었다.

프리랜서였던 그녀는 마치 회사원처럼 항상 월요일에서 금요일까지만 일했다. 프리랜서라고 해서 아무 때나 일하지 않고 딱 정해진 시간, 요일에만 일했다. 그리고 아침마다 권투장에서 운동을 하고 왔다. 아마추어 권투 선수가 되어 대회에 참가하는 것이 꿈이라고 했다. 나는 그녀에게 반하지 않을 수 없었다. 일도 철두철미하게 하고 권투 선수를 꿈꾸는 번역가라니!

사실 일본에 가기 전부터 취미로 기사나 동영상을 번역한 경험은 있었지만, 번역가는 내가 감히 꿈꿀 수 없는 일이라고 생각했다. 내 전공은 번역과 전혀 상관없는 이공 계열이었고, 번역가가 되는 방법도 전혀 알 수 없었다. 그녀를 보면서 문득 내가 번역한 글을 읽고 사람들이 고마워했던 기억이 떠올랐다. 그녀의 멋진 모습을 보며 나도 번역가가 되고 싶어졌다.

그녀에게 하루하루 자극받으며 지내던 나는 일본에서의 생활을 끝내고 다시 한국으로 돌아왔다. 그리고 길을 조금 돌아오기는 했지만, 한국에 온 지 3년 만에 일본어 번역가가 되었다. 그전에는 꿈이 없었지만 몇 년 사이에 꿈이 생기고, 동경했던 사람을 좇아 꿈을 이뤄낸 셈이다. 내가 만약 그때 일본 셰어하우스에 살지 않았다면 어떻게 되었을까? 나는 건축가의 길을 선택했을까? 아니면 아직도 내 꿈을 찾아 헤매고 있을까?

익숙하지 않은 낯선 곳에서는 특별한 용기가 샘솟는 것 같다. 그 용기는 아무도 나라는 존재를 모르는, 완전히 새로운 나로 살아갈 수 있는 여행지나 삶의 터전에서 큰 힘을 발휘한다.

지금 돌이켜보면 낯가림도 심하고 겁도 많은 내가 해외에서 한 달이 넘는 시간을 다른 사람들과 함께 살 수 있었던 힘의 원천도 바로 그 특유의 용기에서 비롯된 것 같다.

낯선 곳에서 지내는 한 달은 생각보다 많은 것을 우리에게 가져다준다. 새로운 친구도 사귀고 미처 발견하지 못했던 나의 꿈을 찾는 계기가 되기도 한다.

10년이라는 세월이 지나 나의 롤 모델인 그녀 나이가 되었다. 프리랜서 일본어 번역가라는 직업은 시간과 장소에 구애받지 않고 일할 수 있다. 만약 내가 다시 일본에서 한 달 살기를 한다면, 다시 한번 셰어하우스에서 살아보고 싶다. 일상과 여행이 공존하는 셰어하우스 생활이 어떨지 상상만으로도 기대된다.

OTOKURA
コムカフェ
音倉
営業中
デス

교토

교토,
나,
그리고 자전거

이다슬

드디어 일본에 첫발을 내딛다

여러 나라를 여행하며 각 나라의 다양한 문화를 접하고 싶었습니다. 언젠가는 세계를 무대로 일하는 사람이 되고 싶다는 꿈을 안고 관광학과에 진학했습니다. 대학에 들어와 보니 대부분 저와 같은 마음으로 입학한 친구들이었습니다. 방학이면 혼자 해외에 나가 며칠씩 여행하는 친구들도 많았습니다.

저 역시 혼자 가는 첫 여행지로 어딜 가 볼까 하다가 일본을 선택했습니다. 한 시간 반이면 도착하는 가까운 나라여서 부담이 없었고, 학창 시절 일본 드라마를 좋아해서 '이건 얼마인가요?' 정도의 간단한 여행용 일본어는 할 수 있었거든요. 드라마 속 일본과 실제 일본은 어떻게 다를지도 궁금했습니다. 대학교 2학년 겨울 방학, 9박 10일간의 일본 여행을 위해 도쿄행 비행기에 몸을 실었습니다.

일본이라는 나라를 더 알고 싶어

"걱정하지 마, 잘 다녀올게"라고 주변을 안심시켰던 제 모습은 어디로 갔는지, 처음 도쿄 땅을 밟자 말로 표현 불가능한 불안감에 휩싸였습니다. 용감하게도 숙박 장소를 호텔이 아닌 에어비앤비를 통해 일반 가정집 홈스테이로 예약했습니다. 의사소통이 잘되지 않는다는 사실은 저를 더욱더 불안에 떨게 했어요.

어느 주택가의 집 앞에 찾아가 "하지메마시테. 에어비앤비노…(처음 뵙겠습니다. 에어비앤비의…)"라고 입을 열자마자 들려왔던 것은, 반가운 환영 인사였습니다. 호스트인 료코 씨는 제 걱정이 무색할 만큼 따뜻한 사람이었어요. 유럽의 웬만한 나라는 다 가봤을 정도로 여행을 좋아하는데, 아이가 태어난 이후로는 여행을 갈 수 없어 대신 에어비앤비로 세계를 집에 초대하고 있다는 멋진 분이었습니다. 료코 씨 가족은 저를 저녁 식사에 초대해 직접 만든 요리를 대접해 주었고, 저는 마치 가족이 된 듯한 기분이었습니다.

다 함께 둘러앉아 아이들의 운동회 동영상도 봤습니다. 료코 씨가 야근하는 날에는 제가 귀갓길에 마트에서 간식을 사서 아이들과 함께 나누어 먹기도 했습니다. 말이 잘 통하지 않는데도 이런 교류를 할 수 있다니! 료코 씨와의 만남을 통해 일본어 공부를 시작하게 되었어요. 일본을 더 알고 싶었고, 일본 사람들과 깊은 이야기를 나누고 싶어졌습니다.

시간이 흘러 약 2년 후인 2018년 3월, 무거운 캐리어를 끌고 교토역에 도착했습니다. 6개월간 교토의 한 대학교에서 교환학생으로 유학을 하게 되었습니다. 도착한 다음 날, 가장 먼저 근처의 자전거 판매점을 찾아갔습니다. 제가 만든 교토에서 할 일 리스트 1번이 바로 자전거 구매였거든요.

그전에도 여행으로 일본의 여러 지역을 방문했지만, 살인적인 교통비에 놀랐던 적이 한두 번이 아니었습니다. 교토 역시 예외가 아니었습니다. 버스를 한 번 타면 거리에 상관없이 230엔(한화 약 2300원)이나 듭니다. 교통비를 아끼기 위해 산 자전거였지만, 되돌아보니 저만의 색으로 교토를 기억할 수 있게 해 준 가장 잘한 선택이었습니다.

교토는 자전거 여행 인프라가 잘 구축되어 있습니다. 도로가 격자 모양으로 되어 있어서 길 찾기도 쉽고, 자전거 도로가 따로 표시되어 있어 안전합니다. 덕분에 거리 곳곳에서 자전거 판매점이나 대여점을 쉽게 찾아볼 수 있습니다.

무엇보다도 교토 자전거 여행의 가장 큰 매력은 대중교통이 닿지 않는 구석구석까지 쉽게 갈 수 있다는 것입니다. 교토는 약천 년간 일본의 수도였던 만큼 골목 곳곳에 일본의 정취를 느낄 수 있는 건물과 풍경이 많이 남아있습니다. 옛 일본의 전통 가옥 형태를 그대로 보존한 특색 있는 가게도 많습니다.

저는 동네만 정해 두고 무작정 자전거를 타고 가서 구석구석 둘러보곤 했습니다. 마음에 드는 가게가 있으면 자전거를 잠시 세워 두고 들어가 보곤 했습니다. 수업에 쫓겨 여기가 한국인지 일본인지 모를 정도로 정신없이 살다가도, 자전거 페달을 밟고 새로운 장소에 갈 때면 '내가 다른 나라에 있구나!'라는 사실을 새삼 실감하곤 했습니다.

딱 하루만 주어진다면 망설임 없이 가모가와로

제가 살았던 기숙사는 교토의 남쪽 끄트머리에 있었습니다. 그래서 저의 자전거 여행의 시작은 항상 가모가와(鴨川, 교토시의 남북을 흐르는 강)를 따라서 북쪽으로 올라가는 것이었어요.

어느 날은 강을 따라 난 자전거 도로로 달리기도 하고, 날씨가 좋은 날은 강가로 내려가 달리기도 했어요. 강가에 앉아 피크닉 하는 연인들, 맥주 한 캔을 마시며 이야기를 나누고 있는 사람들, 아름다운 봄의 교토를 캔버스에 담고 있는 화가까지. 모두가 각자의 방식으로 가모가와를 즐기고 있었습니다.

제가 가모가와를 즐기는 방법은 무작정 달리다가 선선한 그늘이 있으면 잠시 멈춰 앉아 노래를 듣는 것이었어요. 그 순간만큼은 다른 생각이나 아무런 걱정도 없이, 당시의 기분과 노래에만 집중할 수 있었습니다. 여행지에서 접했던 노래를 다시 들으면 그때의 기억이 생생하게 되살아납니다. 4월의 교토는 트로이 시반(부드러운 목소리가 매력적인, 남아프리카공화국 출신의 솔로 가수)과 함께였어요. 지금도 그의 노래 'for him'을 들으면 햇살을 받아 반짝반짝 빛나는 가모가와의 모습이 눈 앞에 펼쳐집니다.

북쪽 데마치야나기(出町柳)에서부터 남쪽 시치조(七条)에 이르는 구간 주변에는 예쁜 식당이나 카페도 몰려 있어 더욱더 이 코스를 추천하고 싶어요.

따뜻한 배려가 돋보이는 어느 작은 카페

제가 교토에서 가장 좋아하는 카페는 '킷사 아가루(喫茶上る)'입니다. 교토에서 가장 번화한 거리인 카와라마치에서 살짝

구석진 좁은 골목으로 들어가면 일본의 정취를 뿜어내는 오래된 주택들 사이에서 킷사 아가루를 발견할 수 있습니다.

이런 중심지에 조용한 카페가 있으리라고는 생각지도 못했기에, 저만 아는 보물을 찾은 양 반가웠어요. 이 카페는 와이파이가 연결되어 있지 않습니다. 그래서 오히려 어디에도 눈을 돌리지 않고 혼자 조용히 책을 읽거나 일기를 쓸 수 있습니다. 가게 옆을 흐르는 작은 개울과 창밖으로 지나가는 사람들을 보며 생각에 잠겨봅니다. 달콤한 팥앙금 버터 토스트가 일품인, 저의 아지트입니다.

이 가게가 조금 더 특별한 이유는 바로 친절하고 배려심 많은 사장님 때문입니다. 2018년 여름은 매우 더웠습니다. 39도, 40도를 넘나드는 날이 이어졌습니다. 기숙사에 있을 때는 온종일 에어컨을 최저 온도로 틀어두었어요. 전기세는 기숙사비에 고정 요금으로 포함되어 있어서 아무리 틀어도 부담되지 않았지만 도리어 이게 화근이었습니다. 마지막 감기가 언제인지 기억나지 않을 만큼 잔병치레가 없었는데, 여름 감기에 걸리고 말았습니다.

그날도 어김없이 카페에서 조용히 책을 읽고 있었습니다. 제 테이블에 감기약 봉투가 올려져 있는 것을 본 사장님은 조용히 제 빈 컵에 물을 채워 주셨습니다. 이런 작고 따뜻한 배려가 좋았습니다.

편안한 분위기, 맛있는 토스트, 따뜻한 배려까지… 세 박자를 모두 갖춘 킷사 아가루에 꼭 놀러 가 보세요.

언제 돌아가도 '오카에리'라고 말해 주는 단골 술집

교토에서 보낸 마지막 한 달, 수업이 없는 날에는 꼭 출석 도장을 찍은 장소가 있습니다. 바로 산조 키야마치(三条木屋町)의 구석진 골목에 있는 '캬사(きゃさ)'라는 이자카야입니다.

가게가 작디작은 탓에 타치노미(의자 없이 서서 마시는 술집)였고 손님이 몇 명만 들어와도 금세 꽉 차버려 내 자리를 조금 좁혀줘야 하는 공간. 하지만 그 덕분에 옆 사람과 스스럼없이 대화를 시작할 수 있습니다.

취업 때문에 고향 교토를 뒤로하고 곧 도쿄로 떠나는 대학생, 회사 이직을 고민하던 디자이너, 친구 세 명이 함께 우정 여행을 온 한국인 관광객, 일본인 아내와 결혼해 교토에 정착한 호주인까지. 맥주 한 잔으로 가게 안의 모두는 친구가 될 수 있었습니다. 자리 앞에 있는 작은 개인 그릇에 돈을 넣어 두면 주문하는 만큼 알아서 차감해 주는 독특한 계산 방식도 이 가게의 작은 즐거움입니다.

그 후 6개월 만에 교토에 다시 가게 되어 혹여나 기억하지 못할까 걱정 반, 기대 반으로 가게에 갔더니, 사장님은 저를 보자마자 이름을 부르며 "오카에리(어서 와)"라고 말해 주었습니다. 6개월이나 지났는데 여전히 나를 기억하고 있다니! 가슴 한편이 따뜻해져 옵니다. 이 가게 역시 근처 자전거 주차장을 찾다가 우연히 알게 되었습니다. 교토에서 자전거를 타지 않았다면, 이렇게 좋은 사람들을 만날 수 없었을지도 모릅니다.

교토가 내 삶에 주는 의미

유학할 도시로 교토를 선택한 이유는, 이왕이면 가장 일본다움을 느낄 수 있는 도시에서 살아 보고 싶다는 단순한 바람 때문이었습니다. 제가 아는 교토는 영화《게이샤의 추억》의 촬영지로 유명해진 후시미이나리 신사가 전부였습니다.

처음 간 교토에서는 모든 것이 서툴렀습니다. 마치 힘든 숙제를 겨우겨우 풀어내는 듯한 하루하루였습니다. '생활'이 아니라 '생존' 같았지요. 처음 핸드폰 유심을 계약하러 갈 때만 해도 '혹시 내 일본어를 알아듣지 못하면 어쩌지?'라는 두려움으로 가기 전날부터 검색에 검색을 거듭, 해야 할 말을 전부 일본어로 번역해 갔을 정도입니다.

하지만 혼자 자전거를 타고 처음 가는 동네를 돌아다니고, 잠시 멈춰 서서 일본 사람들의 생활 모습을 들여다보고, 낯선 가게가 단골 가게로 변해가는 동안, 저는 새로운 문화와 마주하는 방법을 배웠습니다.

서툴기에 긴장하는 것은 당연합니다. 하지만 짧은 유학 생활을 더 의미 있게 보내기 위해서는 용기를 내어 한 발 앞으로 나아가야만 했고, 자전거 구매는 그 시작이 되어주었습니다.

제 마음의 고향이 된 교토! 이 도시에 진정으로 스며들고 싶어 지금은 현지 취업을 준비하고 있습니다. 세계를 무대로 일하고 싶어서 관광학 전공을 선택했던, 스무 살 때의 제 꿈을 향해 내딛는 첫발입니다.

무거운 캐리어를 끌고, 설레는 가슴으로 교토역에 도착했던 그 날처럼, 앞으로 어떤 일이 벌어질지는 알 수 없습니다. 하지만 교토에서 처음 자전거를 살 때는 상상도 못 했던 모습의 제가 지금 여기에 있듯, 왠지 이번에도 아주 잘 해낼 것 같은 좋은 느낌입니다.

교토의 정취를 느낄 수 있는 가게들

추가로 제가 좋아하는 가게 몇 군데를 더 소개하고자 합니다. 버스로는 여러 번의 환승이 필요하니, 자전거로 가보시기를 적극적으로 권해드려요.

○ 니조코야 二条小屋

스탠딩 형식의 핸드드립 커피 전문점입니다. 원두를 고르면 눈앞에서 직접 내려 줘서 보는 재미가 있습니다.

○ 니시토미야 크로켓 西冨家コロッケ店

교토에서 제일 맛있다고 생각하는 크로켓 전문점입니다. 감자가 들어간 '플레인' 메뉴를 추천해요. 단, 가게 안에서 먹을 때에는 별도로 음료를 추가 주문해야 합니다.

○ 마-마- 커피 マーマーコーヒー

사장님이 정말 친절하고 상냥하셔서 한 템포 쉬어갈 수 있는 따뜻한 카페입니다. 날씨가 좋을 때는 가게 한쪽 벽면을 전부 차지하고 있는 미닫이문을 열어 두는데, 앞에는 작은 개울이 있어 싱그러움을 느낄 수 있습니다.

○ 코노바노 하오토 ことばのはおと

하루에 정해진 수량만 판매하는 고양이 파르페가 인기입니다. 다다미가 깔린 좌식 카페로, 옛 일본 전통 가옥의 느낌을 그대로 살려 두었습니다.

○ 케이분샤 이치조지점 恵文社 一乗寺店

다양한 일본 서적과 잡화를 판매하는 서점입니다. 아기자기한 소품들이 많아 시간 가는 줄 모르고 구경할 수 있어요.

교토 자전거 여행을 위한 팁

끝으로 자전거로 교토를 여행하실 분들을 위한 팁을 소개해 드릴게요.

1. 대중교통(버스, 전철)에 자전거를 반입할 수 없어요.
2. 번화가나 역 근처에는 3시간에 100~150엔(한화 약 1000~1500원) 정도로 이용할 수 있는 자전거 전용 주차장이 있습니다.
3. 긴 우산을 가지고 자전거를 탈 때는 자전거 바퀴와 안장을 이어주는 프레임에 우산의 손잡이를 걸어서 끼워 두시면 페달을 밟을 때 거추장스럽지 않아요.
4. 페달을 밟는 자전거가 힘들다면, 전기 자전거를 대여해 보세요. 더 멀리까지 편하게 다녀올 수 있습니다.
5. 시치조역에서부터는 가모가와를 따라 난 자전거 도로가 끊깁니다. 후시미이나리가 있는 남쪽까지 내려가시려면 일반 자동차 도로를 이용하셔야 해요. 밤에는 위험할 수 있으니 가모가와를 건너 교토역 쪽으로 돌아서 가시는 것을 추천합니다.

佐藤
なかむら
HAPPY HOUR
海鮮丼
玉メシ
松露
農家の嫁
黄猿
大泉

오사카

일본 한 달 살기,
즐거운 나의 하루를
소개합니다!

박장희

이놈의 주소! 현지 주소!

"포인트 카드를 만드시겠습니까?"

"네, 만들어주세요."

"아, 현지 주소가 없으시군요, 죄송합니다."

이놈의 주소! 서점 포인트 카드를 만들 때도, 돈키호테 포인트 카드를 만들 때도, 어떤 곳에서든 포인트 카드를 만들면 현지 주소를 요구하는 일본.

대학에서 건축을 공부하면서 일본 대학원 진학을 꿈꾸는 나는 일본을 방문할 때마다 서점에서 많은 전공 관련 서적과 잡지를 샀지만, 현지 주소가 없다는 이유로 포인트를 적립 받지 못했다. 같은 돈을 쓰는데 주소가 없다고 적립을 안 해준다니! 적은 금액이라도 주머니 사정이 넉넉하지 못한 학생에게는 1%의 적립금도 소중하단 말입니다!

포인트 적립을 했다면 모였을 돈이 천 엔을 넘어가는 순간, 호텔이나 호스텔이 아닌 나의 일본 현지 주소를 만들기 위해, 그리고 그 주소를 이용해 포인트 카드를 만들기 위해 일본에서 한 달 살기를 계획했다.

한 달 살기 지역 선정

여름방학을 이용하여 '8월 한 달간 일본에 살아보자'라는 큰 계획에 따라 여행할 지역을 찾아보았다. 호스텔을 이용해서 한 달 동안 미술관 여행을 한 적이 있어 도쿄는 후보에서 제외했다.

교토와 나라, 오사카로 좁혀진 후보 중 더위가 살인적이라는 교토는 제외했다. 결국, 한 달 살기를 하면서 다른 지역으로 건축 답사하러 가기 쉽도록 공항과 기차역이 가까운 오사카를 선택했다. 오사카에서도 집세가 싼 히가시오사카에 숙소를 잡게 되었다.

하루 시작하기

미세먼지가 없는 일본의 아침은 이불을 널기에 딱 좋다.

아침잠이 많아 바닥에 이불이 있으면 낮까지 잠을 자는 나. 이런 약점을 극복하고자 시작한 이불 널기가 언제부턴가 상쾌한 아침을 맞이하는 일과가 되었다. 이불을 널고 아침밥을 먹고 자잘한 집안일이 끝나면 일을 시작했다.

여행이 아닌 현지인처럼 살아보기 위해 시작한 계획이었지만 현지 아르바이트는 비자 문제도 있었고 내 체류 기간도 짧아서 무리였다. 대신 한국에서 파트타임으로 근무하던 회사에 양해를 구하고 하루 4시간씩 재택근무를 했다.

일본 즐기기

일을 끝내고 나면 본격적으로 일본을 즐기기 위한 시간이 시작된다. 전공 공부의 연장선으로 일본 현대 건축과 전통 건축 답사에 중점을 두어 여행을 다녔다.

○ 미술관 투어

하루에 한 곳씩 미술관을 가도 한 달 동안 지역에서 진행하는 모든 전시를 다 못 볼 정도로 일본은 전시 문화가 발달해 있다. 또한, 미술관 자체가 건축 거장의 작품인 경우가 많아서 이런 경우 전시를 보지 않고 미술관 건물만 둘러봐도 큰 공부가 되었다.

한 달 살기를 하면 단기여행과는 달리 예약해야 갈 수 있는 미술관 방문이 쉬워진다. 토토로 미술관은 인터넷으로 한 달 전부터 예약을 받고, 도라에몽 미술관의 경우 일본 현지에서의 예약만 받는다. 그런데도 인기가 많아 여행 기간이 짧으면 일정에 맞춰 예약하기가 쉽지 않다. 한 달 중 하루를 골라 이런 미술관 방문을 계획한다면 좀 더 여유롭게 예약하고 방문할 수 있다.

다양한 미술관 패스들을 이용해 저렴한 가격으로 문화생활을 즐길 수도 있다. 우에노 패스포트를 이용하면 입장권을 사기 위해 따로 줄을 서지 않아도 되고 일주일간 우에노 공원에 있는 모든 미술관과 박물관을 방문할 수 있다. 스탬프 랠리 프로그램을 통해 클리어 화일, 사진엽서 등의 다양한 상품도 받을 수 있다.

사전에 미술관에 대한 정보가 없어도 여행 정보 센터나 방문한 미술관에 있는 홍보 팸플릿을 이용, 원하는 전시를 골라 다음 미술관 방문 일정을 정할 수도 있었다. '미술관 꼬리물기'라고 직접 이름 붙인 이 과정을 통해 여행 가이드북에서는 볼 수 없었던 '힙합 뮤지엄'도 방문해볼 수 있었다.

신기하게도 미술관 주변에는 디저트가 맛있는 카페가 많다. 토토로 미술관에 예약 시간보다 일찍 도착해서 방문했던 코토리 카페에서의 일이다. 노란 새 모양의 케이크를 먹으면서, 어떻게 하면 덜 잔인하게 먹을 수 있을까 고민하고 있었다.

그런데 옆 테이블의 아이가 해맑은 표정으로 눈부터 파먹는 모습을 봤다! 이때 느낀 충격은 토토로 미술관에서의 체험보다 더 강렬하게 머릿속에 남았다.

미술관에서 감성을 풍부하게 하고 나오는 길, 카페에 들려 커피 한 잔의 여유를 가져보는 것은 어떨까.

○ 고슈인 투어

전통 건축 양식을 공부하기 위해 절과 신사를 돌아다니면서 신사나 절에서 주는 고슈인을 모아보는 즐거움을 누릴 수 있다.

고슈인은 불교 사찰이나 신도의 신사 참배자가 받을 수 있는 묵서 및 인장으로 그곳을 참배했다는 증거가 된다. 사찰과 신사마다 고유의 인장을 가지고 있어 다양한 고슈인을 모으는 재미를 누릴 수 있다. 고슈인에 날짜를 적어주기에 하루하루의 기록도 된다.

고슈인을 받을 때는 300엔, 고슈인첩은 디자인에 따라 1,000~2,000엔 정도다. 고슈인을 받는 곳에서 오미쿠지를 뽑아 하루의 운세 점쳐보기도 독특한 일본 문화 체험이 된다.

집안일

외출해서 돌아오면 어김없이 집안일이 기다리고 있다. 하지만 일본에서의 한 달 살기 기간에는 집안일마저도 즐겁다.

보통 오후 6시 이후에 장을 보러 갔는데 이때가 마트 세일 시간이다. 소고기 등심을 단돈 600엔에 가져올 수도 있고, 먹어 보고 싶었으나 비싸서 도전하지 못했던 디저트를 저렴한 가격에 살 수도 있다.

장을 보고 와서 맨션 1층에 있는 코인세탁소에서 세탁기를 돌리고 청소하고 씻으면 빨래를 찾으러 갈 시간이 된다.

코인세탁소에서 빨래를 기다리다 보면 동네 사람들과 친해질 수 있다. 아래층에 살고 있던 말레이시아 남자와는 맨션 관리인 마리코 상과의 통역을 도와주면서 친분을 쌓았다. 한 달 살기 기간 중 한국에서 친구가 놀러와 원래 추가 숙박비를 더 내야 했지만, 코인세탁소에서 친해진 마리코 상이 눈감아주면서 비용을 절약할 수 있었다.

일과를 마치고 집에서 TV와 함께하는 캔맥주도 좋지만, 동네 이자카야에 들려보는 것을 추천한다. 한 달이라는 기간은 해외에 단골 술집을 만들 좋은 기회가 된다.

일본은 작은 술집이 주택가 주변에 많이 있다. 꼬치구이를 파는 술집, 먹고 싶은 메뉴를 즉석에서 만들어주는 술집, 일정 금액을 내면 안주와 술을 무제한으로 제공하는 스낵바, 와인바, 칵테일바, 다트바 등등 다양한 가게들이 있다.

한여름, 찌는 듯한 오사카의 더위를 피하고자 오사카에서 비행기로 2시간 거리의 섬 아마미 오오시마에 갔다. 그곳에서도 동네 술집을 방문하여 즐거운 추억을 쌓았다. 노래를 부르며 흥겨워 보이는 사람들의 모습에 홀려 방문한 스낵바에서, 들어가자마자 한국 사람이 왔다며 김범수의 《보고 싶다》를 불러 달라는 요청을 받고 한 곡조 뽑기도 했다. 옆자리에 앉았던 토모 상과 친해져 다음 날 토모 상의 차를 타고 현지인이 소개하는 아마미오오시마를 느끼는 좋은 경험을 누리기도 했다.

우연히 방문하게 된 히가시오사카 끝자락 효탄야마의 이자카야 '미치'를 나는 제3의 고향이라고 부른다. 방문할 때마다 환한 미소로 반겨주는 미치의 주인 마마를 필두로 '효탄야마 친구들'이 있어 긴 여행 기간에도 외롭지 않았다.

한 번은 '카스 지루'가 무엇이냐는 나의 질문에 말로 설명하는 것보다 실제로 먹어보는 것이 좋다며 오카모토 상이 집으로 초대해주었다. 오카모토 상 댁에서 미치의 일류 요리사 코우지 상의 특급 레시피로 술지미게로 만든 전골, 카스 지루를 함께 만들어 먹었다. 이날 집 방문 선물로 내가 준비해간 일본주는 이자카야 미치의 신년회에서 모두가 나눠마셨다고 한다.

한 달 살기 이후에도 오사카를 방문할 때면 미치를 방문하지 않더라도 효탄야마 친구들과 약속을 잡고 만난다. 함께 술을 마시거나 한국으로 여행 오면 가이드를 해주겠다고 약속하며 긴 인연을 이어나가고 있다.

에필로그

한 달은 여행으로는 길게 느껴지지만 살아본다는 의미에서는 짧다. 적지 않은 돈을 사용하게 될 것이며, 어떻게 보내느냐에 따라 아까운 시간이 되기도, 새로운 출발을 위한 특별한 시간이 될 수도 있다. 막연하게 대학원을 일본으로 가고 싶다는 생각만 있던 나에게, 일본에서 한 달 살기는 일본 대학원 준비를 본격적으로 시작하는 계기가 되었다.

한 달 살기 동안은 여행 비자라서 정부에서 발급하는 체류증이 나오지 않고, 주소가 있어도 체류증이 없어 포인트 카드를 발급받을 수 없었다. 포인트 카드는 결국 얻지 못했지만, 많은 친구와 늘어난 일본어 회화 실력을 선물로 받을 수 있었다.

일본에서 나를 응원해주는 친구들의 기대를 저버리지 않도록, 그리고 포인트 카드의 발급을 위해 오늘도 열심히 일본어 공부를 한다. 한 달 살기가 아닌 일본 살기를 위해 나는 오늘도 달리고 있다.

川越氷川神社

오사카

작지만 확실한 행복,
서른 살의 오사카

최정은

여행에세이를 좋아해서 즐겨 읽는다. 지금이 아니면 안 될 것 같아서, 너도 떠나보면 나를 알게 될 거야 같은 말들은 내 마음을 움직이는 데 충분했다.

청개구리 심보는 고쳐지지 않는다. 학생 때는 그렇게도 하라는 공부를 안 하더니, 나이 먹어서는 남들 열심히 일할 때 어디로 탈출할지 고민만 했다. 콧속으로 한번 스며든 바람은 좀처럼 가라앉기 힘들었다. 세상 쫄보였던, 뭐라도 해 놓은 게 있을 줄 알았던 스물다섯 살에는 아무것도 한 게 없다는 핑계를 대며 유럽여행을 떠났다.

독일에서 인천으로 돌아오는 비행기 안, 내가 하고 싶은 일들을 적었다. 그때 가장 먼저 적었던 것은 '일본에서 살아보기'였다. 서른을 맞이할 나의 가장 완벽한 서프라이즈는 일본에서 살아보는 것이라고 생각했다.

나는 일본과 전혀 상관없는 일을 한다. 학생 때부터 일본소설, 일본영화를 좋아하며 자연스레 일본에 관심을 가지게 되었다. 하는 일보다 일본어에 더 마음을 쏟기도 했다. 지금 생각해보면 일본으로 갔던 진짜 이유는 그냥 도망치고 싶었기 때문이다. 서른이라는 나이의 압박을 심하게 느꼈다. 서른에는 대단한 뭔가를 이뤄놔야 할 것만 같았다. 어쨌든 서른을 앞둔 그때 친구들은 하나둘 결혼했고 나름의 커리어를 쌓고 있었으며 나이에 맞게 돈도 모아놨던 것 같다.

그런데 나는 뭐지?

하고 싶은 일만 하다 보니 욜로(YOLO; you only live once)족으로 살다 골로 간 셈이었다. 이도 저도 아니고 뭐하나 내세울 것도 없는데 그럼 하고 싶은 거라도 하자! 그게 당시 나의 결론이었다. 그땐 나름 진지했고 세상이 끝날 것 같이 고민했는데, 몇 년이 지난 지금 생각해보니 푸르디푸른 청춘에 뭘 그렇게 이뤄보겠다고 안달이 났던가 하며 조금 웃음이 나기도 한다.

고민하고 결심하고 실행하다

일본을 가겠다고 결심은 했지만 결정해야 할 일들이 차례차례 생겨났다. 마지막까지 도쿄로 갈지 오사카로 갈지 고민했다. 오사카에서 만났던 친절한 사람들, 맛있게 먹었던 음식의 기억… 다분히 개인적이고 주관적인 마음으로 오사카로 결정했다.

일본어 공부도 하고 싶어서 어학원 등록도 했다. 마지막 과제는 어디서 지낼 것인가였다.

처음 알아본 곳은 일본인과 함께 사는 셰어하우스였다. 하지만 이메일을 통해 연락을 주고받다가 의사소통이 원활히 되지 않아 출발 직전 계약이 엎어져 버렸다. 급하게 다른 곳을 알아본 게 한국인 셰어하우스와 일본인 게스트하우스였다. 일본 생활을 시작하기에 앞서 정한 철칙 중 하나는 최대한 현지인과 교류하며 살기였다.

유럽여행을 하며 게스트하우스, 백패커스, 유스호스텔에서 세계 여러 나라 사람을 만나는 경험은 내게 좋은 자극이 되었다. 비록 영어가 짧아 꿀 먹은 벙어리 상태로 입만 뻐끔거렸지만 말이다. 일본 생활 역시 최대한 일본인과 많이 만날 수 있는 환경을 만들고 싶었다. 결국, 일본인 게스트하우스에서 살기로 했다.

2011. 1

일본에서의 생활이 시작됐다. 오전에는 어학원에서 공부한다. 수업은 1시에 끝났지만 일본어 실력이 많이 부족한 나는 5시까지 학원에 남아서 공부를 했다…. 고 쓰고 친구들과 수다 떨기에 바빴다. 학원에서 돌아와 저녁을 먹는다. 맥주와 함께 무한도전을 보며 하루를 마감한다. 대체로 그런 날들이었다.

학원은 오사카 신사이바시 근처였다. 번화가였지만 우리가 오사카를 상상할 때 떠오르는 도톤보리에서는 조금 떨어진 곳이었다. 처음 며칠 동안은 신사이바시와 도톤보리 상점가를 신나게 돌아다녔다. 짧았던 지난 여행에서 가보지 못한 곳도 다 둘러봤다.

점점 시간이 지나자 설레던 여행은 일상이 되었다. 관광객 가득한 도톤보리는 웬만하면 피해서 다니게 되었고 오히려 관광지에서 한참 떨어진 숙소에서 느긋이 산책하는 한적함이 좋아졌다. 집 근처 이온몰에서 저녁 타임세일로 반찬을 사서 집에 돌아가는 일에 익숙해졌다. 이제는 우메보시(梅干し)라는 한자 정도는 읽을 수 있게 돼서 삼각김밥을 살 때 실패는 하지 않게 되었다.

2011.2

청소를 하려고 방문을 열었는데 달콤한 바람이 불어와 기분이 좋아졌다.

청소를 하고 동네를 한 바퀴 돌았다. 지난번에는 보지 못했던 다코야키 가게를 기웃거려본다.

바람이 따뜻해 길게 산책을 했다. 처음 와보는 공원이다.

이제 곧 봄이 올 것 같다.

게스트하우스 생활

처음엔 게스트하우스에서 며칠만 머물다가 집을 알아볼 생각이었다. 지금은 여행하는 사람도 많아졌고 TV에서 게스트하우스를 다루는 프로그램도 많아져서 생소하지 않지만, 당시만 해도 오사카에 게스트하우스가 많지 않았다. 기숙사나 숙소 생활처럼 누군가와 함께 살아보지 않았던 내게 게스트하우스 생활은 공동생활에서 오는 사소한 불편함은 있었지만 대체로 재미있었다.

공동 주방 공간에서는 밤마다 친구들이 모여 함께 요리도 하고 술도 한잔하며 수다를 떨기도 한다. 세계 각 나라에서 온 친구들은 새로운 사람이 오면 모두 모여 축하파티를 하고 귀국할 때는 송별회를 해주었다. 게스트하우스인데도 일본인이 꽤 많이 살고 있었다. 어학원을 다니며 모르는 일본어는 일본인 친구들에게 물어볼 수 있었다. 당시에도 한류가 유행이라 한국어에 관심 있는 친구들이 많아서 함께 언어교환을 하며 공부했다.

야바이!

'야바이(やばい)'의 사전적 뜻은 아부나이(あぶない)와 함께 위험하다는 정도로 알고 있었다. 일본 생활이 어느 정도 익숙해지기까지 가장 많이 들었던 단어가 바로 야바이었다.

"이 카레 정말 맛있어! 초야바이!"

'아니… 왜 카레가 맛있는데 야바이라고 하는 거지? 뭐가 위험하단 거지?'

나중에 알게 되었는데 야바이에는 또 다른 뜻이 있었다.

'빠져들 것만 같은 매력적인 것'이란 의미로도 사용된다고 한다. 우리말로 표현하면 '대박' 같은 의미다. 외국어를 공부하는 사람들의 비슷한 마음이겠지만 일본어를 공부하면서 현지인처럼 말해보고 싶은 로망이 있었다. 사전으로만 알고 있던 단어를 현지인처럼 써보는 건 왠지 기분 좋은 경험이었다.

나는 어학원에서 배웠던 일본어보다 일본인 친구들과 나누며 배웠던 일본어가 더 기억에 남는다. 일본 생활을 결심할 때 현지인과 가깝게 지내고 싶었던 처음의 각오를 어느 정도 이룬 것 같아 지금 생각해도 뿌듯하다.

스스로 선택한 일본 생활이지만 타지생활이란 어쨌든 외롭기 마련이다. 그래도 주위 친구들과 함께 시간을 보낸 덕분에 외로움을 많이 달랠 수 있었다. 학원이 끝나고 숙소로 돌아오면 주방엔 어김없이 누군가가 있고 삼삼오오 모이다 보면 어느새 정체불명, 국적 불명의 음식들이 하나둘 쌓여 결국엔 밤늦게까지 먹고 놀다가 하루를 마감했다.

한 번씩 날을 잡고 포틀럭 파티(참석자들이 자신의 취향에 맞는 요리나 와인 등을 가지고 오는 미국·캐나다식 파티 문화)를 열어 각자 준비해 온 음식을 나눠 먹기도 했다. 한국 친구들은 떡볶이나 김치부침개를 많이 만들었고, 일본 친구들은 오코노미야키나 나베를 많이 준비했다. 부침개와 오코노미야키가 만드는 방법도, 맛도 비슷하다며 다들 재밌어했다.

일본에서 살았던 경험도 사실 꽤 오래전이다. 2011년이었고 두 달 정도 체류했다. 당시 일기를 읽어보면 조그마한 실수에도 당장 세상이 끝날 것처럼 작아져 버린 내가 있었다.

연예인들에게 제2의 전성기라는 타이틀을 붙여주곤 한다. 어느 때보다도 빛나는 순간을 전성기라는 단어로 표현해주는 것이리라. 내게도 전성기라는 게 있을까? 아니면 이미 지나갔을까? 아직 최고의 전성기가 오지 않았기를 바라지만, 어느때 보다도 빛나고 의욕적이었던 일본에서의 그 순간들이 나의 첫 번째 전성기가 아니었을까?

나는 왜 일본으로 떠났을까? 일본에서 해야 할 공부가 있었던 것도 아니고, 직업과 관련된 출장도 아니었다. 단지 한국에서 일하며 보내는 일상이 지겨웠다. 세상이 어떤지 좀 더 보고 싶었고 새로운 경험을 해보고 싶었다. 이렇게 말하면 어떤 사람은 나의 용기가 부럽다고 말하고 또 다른 누군가는 시간 낭비라고 말했다. 나는 내 인생에 대한 마음속의 의문들에 대한 답을 얻고 싶어 떠났다. 그리고 그곳엔 답이 있기도 했고 없기도 했다.

일본에 다녀온 후 내게 생긴 신념 중 하나는, 어떤 일을 할까 말까 고민되면 나중에 후회하더라도 해봐야 한다는 것이다.

일본 생활이 내 이력서에 큰 영향을 준 것도 아니고, 인생을 바꿀 엄청난 기회를 만난 것도 아니다. 다만 나는 여행지가 아닌 일상 속 여유로운 일본을 맛볼 수 있었다. 그 여유로움 속에서 오는 행복을 느낄 수 있었다. 가고 싶었던 여행지에서 살아보는 것, 배우고 싶은 언어를 배워보는 것, 낯선 곳에서의 긴장감이 어느 순간 일상처럼 익숙해지는 어떤 순간들, 작지만 확실한 행복들….

하고 싶은 것들을 하나씩 적어서 해나갔던 도쿄에서의 하루하루. 나는 일본에서 내가 행복해하는 것들의 이상적인 조합을 알 수 있게 되었다.

普通
25

이바라키

잊히지 않는
일본 풍경

이채안

누구나 기억의 스위치를 가지고 있다. 우연히 들은 노래, 비슷한 냄새, 왠지 익숙한 온도의 바람이 스위치가 되어 기억의 문이 열리곤 한다. 늦여름의 찌는 듯한 더위에서 서서히 서늘한 바람이 불어올 즈음이면, 일본 교환학생 시절의 기억들이 자연스럽게 떠오른다.

고등학교 때부터 나의 꿈은 '일본에서 살아보기'였다. 특별한 이유는 없었다. 그때 열중해서 듣던 보아의 J-POP과 즐겨 읽었던 만화를 만든 나라에서 나도 살아보고 싶다는 게 이유라면 이유였다. '어떻게 하면 이 꿈을 현실로 만들 수 있을까?' 고민하다가 내린 해결책이 '일본 교환학생 프로그램'이었다.

교환학생의 장점은 본교와 같게 학점이 인정되기에 휴학계를 내지 않고 유학을 갈 수 있고, 학교마다 다소 차이가 있지만 비교적 저렴한 학비와 기숙사비로 일본 생활을 할 수 있다. 되도록 혼자 힘으로 일본 생활을 하고 싶었던 나에게는 가성비와 가심비 두 마리 토끼를 잡는 좋은 기회였다.

교환학생의 장점을 하나 더 추가하면, 학교 수업과 공부에 시간을 투자해도 문화 체험을 즐길 충분한 시간이 남는다. 외국에서 학점을 따면서 남는 시간에 다양한 문화 체험도 할 수 있으니, 교환학생 생활을 하는 동안 시간을 효율적으로 사용하고 있다는 느낌이었다. 더불어 현지 학교에서 외국인 학생들을 위한 프로그램도 많이 준비되어 있다. 일본인, 외국인 친구들과 함께 떠나는 여행, 일본 전통 다도와 꽃꽂이 체험, 일본인 친구들과의 조별 과제 등, 자연스럽게 일본인 친구들과 어울릴 기회를 많이 제공해 주었다.

학교에서 배정해준 담당 교수님의 세미나 수업에서 일본인 친구들을 많이 만났는데 이 친구들과의 추억이 제일 기억에 남는다. 여자 친구들과 함께 맛집도 다니고 각자 싸 온 점심 도시락을 먹으며 도란도란 수다를 떨기도 했다. '노미카이(飲み会)' 라고 불리는 술자리에서 평상시 엄청나게 조용하던 남학생들이 술이 몇 잔 들어가니 개그맨으로 변하는 걸 보는 과정도 꽤 즐거웠다.

일본인 친구들과 교류하며 지내다 보니 일본인에 대한 편견이 많이 사라지게 되었다. 예전에는 일본인 친구들이 '일본인 친구 아무개'로 보였지만 이후로는 '친구 아무개'로 앞에 '일본인'을 떼게 되었다. 친구는 친구일 뿐 국적이 크게 중요하지 않다는 것을 깨닫게 된 좋은 경험이었다.

일본과 한국의 문화 차이

세미나 수업에서 친해진 일본 여자 친구들은 한 명씩 돌아가며 내가 살던 기숙사에서 하룻밤 자고 가기도 했다. 여기서 한국과 일본의 문화 차이를 느꼈다. 보통 한국에서는 친구 집에 하룻밤 자러 갈 때 개인 소지품은 챙겨가지만, 들고 가기 어려운 생활용품은 친구에게 빌리는 일이 서로 허용되는 분위기다.

이와 다르게 일본 친구들은 샴푸, 린스, 수건부터 개인 물컵까지 챙겨와서 그들의 준비성에 놀라곤 했다. 매번 화장실 써도 되냐고 공손히 물어봐서, 묻기 전에 내가 먼저 화장실 편하게 쓰라고 말해주기도 했다.

레스토랑에서 같이 밥을 먹어도 각자 시킨 음식 중심으로 먹고, 한국처럼 여러 개를 시켜서 중간에 두고 같이 나눠 먹는 경우는 거의 없었다. 계산도 더치페이가 기본이고, 일본 식당 자체도 1인분 요리 위주로 메뉴가 짜여있어서 각자 먹고 계산하기에 편리했다.

일본인 친구들은 아무리 친해도 예의를 철저히 지키고, 남에게 최대한 민폐를 끼치지 않으려고 노력했다. 좋은 말로 표현하면 예의 바른 것이고, 나쁜 말로 하자면 정이 좀 없다고나 할까? 반면에 한국 친구 사이는 정이 너무 많아서 때때로 친구의 사적인 영역을 침범하는 일이 문제가 되기도 한다. 이런 양국 친구 관계의 미묘한 차이점도 흥미로웠다.

아르바이트, 청춘을 만끽하는 또 하나의 방법

일본 생활 중 아르바이트 경험도 즐거운 추억 중 하나다. 한국보다 높은 시급으로 쏠쏠하게 생활비를 보탤 수 있고, 학교 친구 외에 일본 남녀노소 다양한 사람들을 만날 수 있어서 세상을 보는 시야가 넓어진다.

내가 교환학생으로 갔던 이바라키 대학교 본관에는 아르바이트 모집 공고문을 모아두는 채용함이 있었다. 일손이 필요한 가게들이 아르바이트 채용문을 작성해서 가게마다 한 통씩 채용함에 두면, 학생들이 채용문을 돌려보고 필요한 정보는 사진을 찍어 가서 연락을 취하는 방식으로 아르바이트를 구했다.

나도 학교에서 아르바이트 정보를 얻어 일할 기회를 잡았다. 두부 요리를 전문으로 하는, 근방에서 유명한 이자카야에서 일했는데 엄청나게 많은 한자 음식 메뉴 외우기가 살짝 힘들었던 점만 빼고는 정말 즐겁게 일했다. 사장님 부부와 주방장님, 같이 일하는 아르바이트 친구들과 서로 도우며 즐겁게 일했던 좋은 경험이었다.

특히 일하는 중에 먹는 '마카나이'(賄い, 직원 식사)가 정말 맛있어서 일할 맛이 났다. 나중에는 주방장님과도 친해져서 나에게 한국 김치 요리법을 물어보시기도 했다. 엄마에게 요리법을 얻어 주방장님께 알려드렸더니 정말 고마워하셨다. 가게와 집은 자전거로 왕복 1시간 거리였지만 그때는 힘든지도 모르고 청춘을 만끽하는 기분으로 내달렸던 기억이 난다. 힘든 노동도 청춘이라는 이름 아래 아름답게 빛났던 시간이었다.

진짜 일본 풍경을 볼 수 있는 골목 산책

일본에서 일주일에 한 번 이상 꼭 했던 일이 있다. 바로 '골목 산책'이다. 일본 골목은 특유의 정취가 있다. 아파트보다 주택이 많고 아기자기한 골목길이 많다 보니 사이사이 눈길을 끄는 가게들이 많다. 골목을 거닐다 우연히 마음에 드는 가게를 발견하면 마치 나만의 보물을 찾은 듯한 기분이 든다.

작지만 귀여운 카페, 알록달록 싱싱한 꽃들이 소담하게 내놓아진 꽃집, 통유리로 안이 들여다보이는 세련된 미용실. 공장에서 찍어낸 듯한 건물 모습이 아니라, 가게 하나하나 개성을 충분히 살려 자유롭게 각자의 아름다움을 표현하는 모습이 신선하고 참 예뻤다. 이런 골목들을 산책하다 보면 자연스럽게 마음이 편안해졌다.

대형 마트의 요일별 세일 품목 알뜰히 챙기기도 좋았지만, 가끔은 골목길에 있는 '야오야(八百屋, 채소 가게)'에 들리곤 했다. 야오야는 대형 슈퍼마켓 채소 판매대같이 깨끗하게 일렬로 정리 정돈되어 있지는 않지만, 시장과 노상 채소 장사 사이 즈음의 친근한 분위기를 풍긴다. 가게 안에 다양한 채소와 과일들이 포대나 자루째로 가득 쌓아져 진열되어 있고, 손으로 직접 쓴 이름과 가격표가 채소들 틈 사이에 꽂혀 있다.

평소에 깨끗하게 정리된 대형 마트만 보다가, 야오야의 정제되지 않은 모습을 보면 편안함과 푸근함이 느껴진다. 거기에 채소와 과일의 신선함과 저렴한 가격은 덤이다.

내가 일본 생활을 이따금 그리워하는 이유는 일본의 골목 풍경 때문일지도 모른다. 골목 사이사이 소담한 가게 풍경과 친근한 야오야가 있는 곳. 그것이 나의 일본 풍경이다.

그 후 10년, 여전히 일본과 밀고 당기기 중

교환학생을 다녀온 지 벌써 10년, 나는 일본어 번역 프리랜서로 일하고 있다. 일본계 회사에 다니다가 최근 프리랜서 번역가로 새로운 인생 2막을 시작했다.

돌이켜보면 그동안 일했던 직장들이 모두 일본과 관련 깊은 곳이었다. 일본어로 면접을 보거나, 일본인 상사를 두거나, 일본 쪽 직무를 맡거나 등, 모두 일본과 인연이 있었다. 교환학생 경험은 내가 밥 먹고 살게 도와준 고마운 수단이자 내 꿈에 날개를 달아준 귀중한 첫 단추였다.

사람과 사람 사이에 인연이 있듯, 사람과 나라 사이에도 인연이 있는 것 같다. 앞으로도 나는 계속 한국과 일본 사이에서 터를 잡고 일할 운명인 듯하다. 이 운명을 소중히 여기며 제2막에서의 성공을 위해 교환학생 시절 자전거를 타고 신나게 내달렸던 그 마음으로 열심히 달리고 싶다.

고베

나의 사랑하는 도시 고베에서 매달 한 달 살이

우소연

어느 날 문득 떠나야겠다는 생각이 들었다.

아침 8시, 교사로 일하던 유치원에 도착한다. 딱히 힘들 것도 어려울 것도, 그렇다고 즐겁거나 신나는 일도 없는 하루가 지나고, 별일 없으면 6시쯤 퇴근했다. 승진도 없고 극적인 사건이 있는 직장생활도 아니었다. 늘 그렇게 월요일부터 금요일까지의 반복되던 일상. 그러다 떠나야겠다는 생각이 들었고, 반년 정도 퇴근 후에 학원에서 일본어를 배웠다.

정신을 차리고 보니 산이 있고 바다가 있는 자연에 둘러싸인 일본의 한 도시다.

"욘사마를 좋아해요" "동방신기를 좋아해요"를 외치는 5, 60대 일본인이 가득 찬 교실에 내가 서 있었다. 여전히 교사란 직업, 장소와 대상 연령대, 그리고 대상 과목과 언어가 달라졌다.

이렇게 내 인생 2막이 시작되었다. 한창 한류 붐으로 한국어 수업도, 한국 식당도 늘어나기 바쁘고, '한국'이란 단어가 들어가면 그게 사람이든 물건이든 호감을 가져주던 시기였다.

일본 유학과 동시에 한국어 교사로 아르바이트를 하며 생활비를 벌고, 학교에서 장학금도 받았다. 어학원부터 시작, 대학원을 거쳐 현재는 전문학교 한국어과 강사로 일하고 있다.

이곳은 나의 사랑하는 도시 고베다.

나를 숨쉬게 하는 고베

대학생 때인 2001년, 이모가 살던 고베를 처음 방문했다. 금방 청소를 마친 듯 깨끗한 거리, 서양식 건물과 산, 바다가 공존하는 자연환경이 평안함과 매력이란 이름으로 내 마음을 사로잡았다.

2004년, 고베역 근처 바다에 자리 잡은 유럽식 건물 '모자이크'를 배경으로 고베의 아름다움을 전했던 이동건 주연의 드라마 '유리화'를 보고 그리움에 가슴이 뛰었다. 그 후 짧은 여행으로 고베를 두세 번 더 방문했지만, 여행만으로는 늘 아쉬움이 남았다.

녹음이 우거진, 푸르른 산이 주는 평온함과 보고 있는 것만으로도 마음이 확 트이는 파란 바다가 인접한 도시! 시내 건물들은 높아야 30층 정도고 이 또한 손에 꼽히며, 보통 10층 이내의 낮은 건물들로 편안함을 준다. 첫 여행부터 몇 년이 지났는데도 원래 모습을 그대로 간직한, 늘 변함없는 도시 모습도 좋았다.

그렇게 어느 날 갑자기, 고베에서의 생활을 시작하게 되었다.

실버의 우아함

나의 고베 생활은 세상 경험 풍부하신 분들과 시작되었다. 4050세대인 분들이 모닝커피 혹은 홍차와 빵으로 아침을 드신다. 니시무라 커피숍은 고베에서 아침 식사 장소로 유명하다. 커피 마시러 들렀던 니시무라 커피숍에서는 멋진 어르신들을 많이 만날 수 있다.

말끔하게 차려입은 정장 재킷엔 행커칩이, 한 손엔 차를, 한 손엔 신문을 들고 잘 닦여진 정장 구두를 신은 지긋한 연세의 어르신. 한눈에 봐도 60대 이상인데 옷차림에서 이탈리아가 느껴지는 분도 있었다. 눈에 띄게 꾸민 흔적은 없으나 주변에 여유가 맴돌며 품위 있게 잘 차려입은 여성 손님들이 어찌나 우아하고 여유로워 보이던지.

정작 나는 그렇게 아침부터 꾸미고 나갈 자신이 없어서 커피숍에서의 모닝식사는 두어 번 밖에 못 했다. 혼자 살 때 좀 해 볼 것을! 두고두고 아쉽다. 책 하나 들고 집 근처 커피숍에서 모닝을 열어보는 작은 로망은 아직도 내 맘속에 자리 잡고 있다.

평일에는 일하고 주말에는 늦잠을 자서 아직도 실현이 어렵다. 어떻게 보면 젊은 사람들보다는 중장년층이 더 세련되고 돋보이는 고베에서 나도 여유로운 중장년, 우아한 실버가 되고 싶다.

열심히 일 한 당신에게 스위츠를!

어느 주말 오전, 남편과 스위츠를 먹으러 길을 나섰다. 어디를 갈까 고민하다 낙점된 곳은 전국적으로 유명한 고베 탄생 스위츠를 파는 카페 앙리샤르팡티에 본점! 기대 반 설렘 반으로 도착한 그곳은 의외로 아담했다. 총 16석으로 비좁을 수 있는 느낌의 화려하지 않은 카페였다. 대리석으로 장식한 모던한 인테리어가 인상적이었다. 케이크 세트를 주문했다.

딸기 쇼트케이크와 아이스크림, 마들렌으로 구성된 케이크 세트에 눈이 먼저 즐거웠다. 화이트 크림과 딸기가 듬뿍 들어 있는 쇼트케이크를 포크로 크게 잘라 입속으로 넣으니 입안도 즐거워졌다. 온몸에 달콤함이 퍼지며 미소가 지어진다. 일주일의

피로가 확 풀리는 느낌. 이런 것이 진정 소소하지만 확실한 행복이리라.

한참 달콤함에 심취되어 있을 무렵, 옆 테이블이 수상하다. 작은 소리지만 "우와" "오"등의 함성도 들린다. 뭐가 이리도 요란할까 하고 보니, 파란 불꽃의 향연이 벌어지고 있었다. 아니 스테이크집에서나 볼 법한 광경이 스위츠집에서? 도대체 무슨 메뉴인가 궁금해서 호기심에 계속 지켜봤다.

카트를 끌고 온 점원이 능숙한 손놀림으로 팬에 버터를 넣고, 그 위로 얇게 부쳐놓은 수제 크레페를 올린다. 그리고는 그랑마르니에 리큐어(코냑에 오렌지 향을 더했다는 리큐어)를 크레페가 잠길 정도로 붓고 불 위에 올린다. 그리고 알코올을 날리는 과정인 플람베(프랑스 조리 용어로, 조리 중인 요리 혹은 소스에 적당한 도수의 주류를 첨가하여 센 불에서 단시간에 알코올을 날리는 조리법)를 하며 잠시 끓인다. 그렇다! 이 플람베로 인해 파란 불꽃들이 춤을 추고 있는 것이었다. 메뉴 이름인즉 '크레페 슈제트' 호~ 스위츠집에서 이런 퍼포먼스를 즐기게 될 줄이야! 맛은 어떨까? 바로 시켜보고 싶었지만 따라 하는 듯하여 꾹 참고, 차후 다시 방문하여 맛을 보았다.

향긋한 오렌지 향과 달곰한 소스에 적셔진 삼각형의 크레페. 한입 크기로 잘라 입에 넣어봤다. 오렌지의 상큼함과 달콤함이 입안 가득 퍼진다. 달콤함이 과하여 자칫 호불호가 갈릴 수 있을 맛. 그러나 스위츠 마니아들이라면 중독될 것 같은 맛이었다.

타임슬립

남편의 생일을 축하하기 위해 오래전부터 가보고 싶었던 이진칸의 프렌치 레스토랑에 가기로 했다. 1934년에 지어져 2012년 고베유형문화재에 지정되었고, 드라마 촬영지로도 유명한 '제임스 테이(당시 영국인 무역상이었던 제임스의 저택)'. 시내를 벗어난 주택가 지역에 자리 잡고 있다. 고베는 시내에서 조금만 벗어나도 한적함을 느낄 수 있다. 레스토랑 입구는 조금 큰 저택의 느낌이다. 안으로 들어가면, 아늑한듯하면서도 웅장한 거실(대기실)이 나오고 레스토랑 내부로 이어진다. 마치 80여 년의 시간을 거슬러 올라간 듯한 기분이다. 안내받은 룸에는 네 테이블 정도 있었지만 우리뿐이었다.

따사로운 햇살이 방안에 스며들어 테이블 위에 놓여있는 꽃

병과 그 그림자가 따사로운 햇살과 잘 어울리는 감성 충만한 장소였다. 창문 너머로 보이는 정원과 아득하게 보이던 바다도 인상적이었다. 식사 후 저택 내부와 일본식 정원을 감상했다. 만 평의 저택 안에서 내가 마치 저택 주인이 된 듯한 느낌을 만끽했다! 그렇게 저택 내부와 정원을 누비고 타임슬립을 마무리했다.

감기엔 우동

감기에 걸렸다. 따뜻한 국물과 아이스크림이 그리웠다. 마침 남편에게서 연락이 왔다. "아픈데 뭐 사갈까?"라며. 따뜻한 국물=포장마차 오뎅국물이라는 공식이 머릿속을 스쳤다.

'여긴 일본이고, 한국식 포장마차가 없으니…. 그래! 오뎅을 사면 오뎅국물이 따라오니 사다 달라고 하면 되겠다!'

쉽게 구할 수 있는 편의점 오뎅과 아이스크림을 부탁했다. 일본 편의점에선 겨울철에 오뎅을 판다. 남편이 사 온 오뎅 용기 뚜껑을 열었다. 아차!

"오뎅 국물이 너무 적어!"

남편이 고개를 갸웃한다.

"오뎅 국물?"

왜 아픈데 우동이 아니라 오뎅을 사 오라고 할까 궁금했다는 남편. 따뜻한 국물이 그리웠다고 말하니 일본에선 감기에 걸리거나 몸살 등으로 몸이 아프면 국물과 함께 목 넘김이 편한 우동을 먹는다고 했다. 한국에 갔을 때 포장마차에서 내가 너무나 좋아하는 어묵 국물을 먹는 모습을 보며 남편은 '왜 마셔?'하는 듯한 표정을 지었다. 일본 가정식 오뎅은 지역에 따라 만드는 방법이 다르기도 하지만 국물이 진하고 어묵 국물을 잘 마시지 않는다고 한다. 이렇듯 한일 양국에는 당연한 듯 당연하지 않은 소소한 문화 차이가 존재한다.

편의점 오뎅은 일본 가정식과는 달리 오뎅국물이 많이 진하진 않지만, 우리 기준에서는 조금 진하다. 그리고 "오뎅 국물 많이요!"를 편의점 점원에게 부탁하지 않으면 한 국자 정도만 준다. 남편은 내가 감기에 걸리면 한동안은 편의점 오뎅국물을 사다 주더니 결혼 생활 연수가 더해지자 어느 순간부터는 우동을 끓여주고(편의점 오뎅은 겨울 한정이기도 하고 감기는 겨울에만 걸리지는 않으니), 지금의 나는 우동 국물과 함께 우동도 맛있게 다 먹어버리게 되었다.

여행은 늘 즐겁고 설렌다. 새로운 장소로의 여행은 준비과정조차 재밌다. 대부분의 여행이 그렇듯 일정이 짧으니 다녀오고 나면 허무하기도 하다. 여행은 항상 다시 가고 싶고 조금 더 길게 가 보고 싶다. 과거의 나에게 한 달 쯤 여행을 간다면 어디에 가겠느냐고 누군가 물어본다면, 분명 고베를 생각했을 것이다. 그 바람은 이루어져서, 무작정 떠나온 낯설지만 낯설지 않은 이곳에서 일도 하고 생활도 하며 한 달살이를 매달 되풀이 하는 기분으로 살고 있다.

진짜 '일본에서 한 달 살기'와는 다를지 모르지만 다른 누군가가 일본에서 한 달 살기를 통해 느끼게 되는 모든 배움, 새로움, 즐거움, 힐링이 내게도 존재한다고 믿는다.

방안 가득 들어오는 햇살에 눈이 부셔서 저절로 일어나는 아침, 조금 더 이불 속에서 뒹굴뒹굴하며 오늘도 여유를 부려본다. 엘가의 '사랑의 인사'를 들으며 커피 한잔을 하고, 오늘은 뭘 해 볼까, 어디를 갈까 계획을 세우고 길을 나선다. 따사로운 오후 햇볕이 좋아서 무작정 발걸음 닿는 대로 걷는다. 배가 고프면 보이는 곳에 들어가 간단하게 요기도 한다. 그게 스위츠이든 고베규든 편의점 오니기리든 뭐든 다 좋다.

바쁘지 않고 복닥거리지 않고 여유가 느껴지는 고베.

한 달 쯤 이제까지 누려보지 못한 게으름의 미학을 느끼며 나에게 주는 보상의 시간을 보내보면 어떨까. 이토록 사랑스러운 나의 도시 고베에 많은 분을 초대하고 싶다.

나는 오늘도 한 달 살아보기의 하루를 이곳에서 살고 있다.

MOSAIC

오사카

일본에서의 생활비

손경일

“この飛行機はまもなく大阪伊丹空港に着陸いたします。”

(우리 비행기는 잠시 후, 오사카 이타미 공항에 착륙하겠습니다.)

여행으로만 다니던 일본, 여행자가 아닌 거주자로서의 새로운 생활을 시작하게 되었다.

어학원에서 알려준 주소를 찾아 학원 기숙사에 도착했을 때, 누군가 '손상데스까? (손 씨입니까?)'라고 물어왔다. 도착 예정 시간에 맞추어 학원 선생님이 나와계셨다. 어학원에서 맨션을 빌려 기숙사로 사용했는데, 3~4개의 방에서 각자 거주하고 욕실과 주방은 공용으로 사용하는 시스템이었다. 내가 배정받은 1층에는 아무도 없었는데 며칠 후 몇 명의 학생이 더 들어올 거라고 했다.

기숙사에 들어가서 간단히 생활규칙 등의 설명을 듣고 집을 자세히 살펴보는데 상태가 상당히 심각했다. 주방은 기름때로 가득하고 냉장고를 여니 냉장고 특유의 냄새가 피어오르고, 전기밥솥은 고물상도 안 가져갈 수준에, 청소는 거의 안 하고 산 듯했다. 벌레가 없는 것이 신기할 따름이었다. 당장 청소부터 해야 할 것 같았다.

집에는 변변한 청소도구 하나 없었다. 이전에 사용하던 학생들이 정말 청소를 안 하고 살았나 보다. 위층에도 우리 어학원 학생이 산다고 해서 도움을 요청하러 갔다. 마침 서양인 학생이 한 명 있었다. 나는 영어 못하는데 일본어가 안 통하는 건 아닐까? 아니야, 저 사람도 일본어 배우러 왔으니 의사소통은 되겠지. 기대 반 걱정 반으로 별생각을 다 하다가 일본어로 말을 걸어 봤다.

"저는 오늘 한국에서 온 손이라고 합니다. 잘 부탁합니다."

"저는 미국에서 온 존슨이에요. 잘 부탁합니다."

"지금 1층에 입주해서 청소하려는데, 세제가 없어요. 주방세제라도 좀 빌릴 수 있을까요?"

"아! 이거 한번 써보세요. 우리 집은 이걸 써요."

다행히 일본어로 의사소통을 하고 세제를 들고 우리 집으로 내려왔다. (며칠 뒤 알고 보니 이 친구는 우리 학원 최상급 반이었다.^^)

지금 상태에서 어떻게 청소를 하면 좋을지 집에 전화를 걸어 어머니에게 조언을 받았다. 당시에는 스마트폰이 흔치 않아서 사진을 보내줄 수도 없었다. 짐을 풀기도 전에 부엌 청소부터 시작했다. 어머니의 조언대로 하나하나 해봤지만. 1시간을 씨름해도 부엌의 찌든때는 좀처럼 닦이지 않았다. 얻어 온 세제로는 도무지 청소가 되지 않을 것 같았다.

빌려온 세제는 일단 위층에 돌려주고, 2층은 어떤지 둘러보았는데 우리 집에 비하면 거기는 5성급 호텔이었다. 딱 봐도 수시로 청소하는 것 같았다. 나중에 들었는데, 친구 말에 의하면 1층이 워낙 지저분하게 썼다고 한다. 청소를 제대로 하려면 더 강력한 무언가가 필요할 것 같아 슈퍼에 세제를 사러 갔다.

첫날부터 예상치 못한 지출

세제를 사러 집 근처 마트에 갔다. 기본적으로 알고 있는 한자와 일본어를 보고, 세제 그림을 보면서 용도를 확인했다. 초강력(超强力)이라고 쓰인 주방세제를 찾았다. 가격은 698엔. 머릿속의 계산기가 빠르게 돌아가기 시작했다. 700엔을 원화로 환산하면… 음…. 냉장고 탈취제도 사야 하고, 욕실 세제도 사야 하는데… 그러면… 최소 2천 엔?

한 푼이라도 아껴야 하는 유학생 처지에서 2천 엔은 결코 적은 돈이 아니다. 더군다나 내가 유학을 하러 갔을 때는 환율이 100엔에 1,500원을 오르락내리락하던 고환율 시절이라 체감물가는 더더욱 비쌌다. 이때부터 고민이 시작되었다.

'어차피 나는 잠시만 있다가 귀국하는 데 조금만 참고 그냥 이대로 살까? 아! 밥솥도 사야 하는데!'

'아니야, 아무리 몇 달이지만 이렇게 더러운 집에서는 살 수 없어! 아주 깨끗하지는 못해도 이렇게 더럽지는 않아야지!'

대립한 두 생각이 머릿속에서 맴돌았다.

너무 싼 세제는 그만큼 싼 이유가 있을 것이고, 비싼 걸 산다고 해도 잘 닦인다는 보장이 없었다. 고민하다 내린 결론은 '중간 정도의 가격으로 사서 열심히 닦아보자'였다.

주방세제, 욕실 세제, 냉장고 탈취제, 수세미에 먹거리까지 사니 총비용은 2천 엔이 훌쩍 넘었다.

'먹을 것만 사면 천 엔도 안 되는데 첫날부터 돈이 많이 들어갔네….'

집으로 돌아와서 냉장고에는 탈취제를, 주방 기름때에는 세제를 뿌려놓고 아예 몇 시간 불렸다. 닦고 다시 세제 뿌려서 불리고를 여러 번 하니 찌든 때는 어느 정도 벗겨졌다. 다음날까지도 청소를 했지만, 완전 제거는 무리였다. 그 정도에서 포기하기로 했다. 뒤에 입주한 친구들도 청소에 별로 관심이 없어서 거주 기간 내내 청소는 나 혼자 했고, 청소에 필요한 도구들도 모두 내 돈으로 구입했다. 친구들이여~ 청소비를 달라! (밥솥은 다행히 나중에 입주한 친구들과 N 분의 1로 비용을 각출해서 샀다)

이제 정말 서바이벌 게임. 의식주 중 식(食)을 해결하자

서바이벌 게임은 이제부터 시작? 옷은 한국에서 가져왔고, 집은 기숙사가 있지만 먹을 것은 이곳에서 해결해야 했다. 그렇다고 매일 외식을 할 수도 없었다. 저렴하게 먹을 수 있다는 규동이 300~400엔대지만, 이걸로도 세끼를 다 먹으면 하루에만 천 엔, 7일 내내 먹는다면 7천 엔이다. 결코 적은 돈이 아니었다.

한국 집에서 어느 정도 반찬을 보내주기는 했지만, 이것도 정도껏이지…. 집 근처에도 슈퍼가 있지만, 규모가 작고 가격이 다소 비싼 편이라 어학원에서 가까운 대형 슈퍼마켓을 주로 이용했다.

우선 쌀이 필요했다. 쌀도 생산지에 따라, 햅쌀이냐 1년 묵은쌀이냐에 따라 가격 차이가 크게 났다. 5kg 기준 햅쌀은 약 1,700엔~2,000엔 정도, 1년 묵은쌀은 1,000엔~1,200엔 정도였다.

반찬도 있어야지. 주로 우메보시와 김치를 샀고, 먹고 싶은 반찬 한두 가지를 더 샀다. 그 당시 김치는 아무래도 우리나라보다 비쌌다. 400g들이에 300~500엔 정도다. 그리고 일본인 입맛에 맞추다 보니 우리나라 김치의 맛이 제대로 나지는 않는다. 한국 상점에 가면 한국식 김치를 살 수 있지만, 가격이 비쌌다.

밥은 많이 먹지 않으려고 항상 일정한 양만 담아서 먹었고, 집보다는 부족한 반찬에 교통비를 아끼려고 학원까지 매일 30분을 걸어 다녔다. 점심도 밥 한 그릇에 우메보시, 후리카게, 츠케모노 몇 가지 정도로 도시락을 싸서 다녔다. 매일 적게 먹고 많이 걷다 보니 몸무게가 꽤 많이 빠졌다.

사람 심리가 그렇지 않은가, 매일 같은 음식만 먹으면 지겹다. 가끔은 맛있는 별미도 먹고 싶다. 일본 슈퍼마켓에는 집에서 바로 먹을 수 있거나, 전자레인지에 데워 먹는 도시락, 가공식품의 종류가 엄청나게 많아서 슈퍼에 가면 눈이 휘둥그레진다. 문제는 가격이다. 뭐 하나 살 때도 이게 한화로 환산하면 얼마인지부터 생각나고 돈이 넉넉하지 않으니 이것저것 집으며 핸드폰 계산기를 꺼내 미리 물건값을 계산하곤 했다.

일본 슈퍼마켓은 저녁에 가면 할인 품목이 많다. 주로 도시락이나 유통기한이 짧은 가공식품은 시간이 지날수록 할인을 많이 하는데, 슈퍼에 가면 이 할인 딱지 붙은 먹거리가 없나부터 찾게 된다.

할인 딱지가 붙는 시간은 정확하게 정해져 있지 않다. 다른 코너를 한 바퀴 돈 사이에 할인 딱지가 붙은 것이 있나 싶어 다시 도시락 코너로 가보는 일도 흔했다. 시간대가 맞으면 점원이 할인 딱지 붙이는 모습을 볼 수 있는데, 이때는 이미 많은 사람이 몰려와서 경쟁이 심하다. 인기 있는 상품은 딱지가 붙기 무섭게 사람들이 바로 집어간다.

'그까짓 100엔, 200엔 아끼려고 그러냐!'하시는 분도 있겠지만, 앞서도 언급했듯 고환율이라 유학생들에게는 100엔도 아쉬웠다. 200엔이면 시내버스를 한번 탈 수 있고, 2ℓ 생수 3개를 살 수 있는 돈이니까.

할인 딱지 붙은 음식을 많이 골라 오면 왠지 뿌듯함이 느껴지기도 했다. 특히 할인금액이 큰 음식을 골라 왔을 때는, '원래 가격으로 먹으면 이게 얼마인데! 아 좋아~' 라는 생각이 들곤 했다.

예상치 못한 또 다른 지출, 광열비 폭탄

내가 살던 시기는 겨울이었다. 대부분의 일본 집이 그렇지만, 바닥 난방이 없고 벽걸이 에어컨에서 냉방과 난방 두 가지가 모두 가동된다. 하지만 따뜻한 공기는 위로 올라가서 아무리 난방을 틀어도 방이 잘 데워지지 않는다. 오사카나 고베는 겨울에 영하로 내려가는 일이 드물었지만 난방을 해도 집이 한국처럼 따뜻하지가 않았다.

어느 날 수업을 받고 있는데 학원에서 문자가 왔다.

'손 상, 수업 마치고 교무실로 와 주세요.'

수업 후 교무실에 갔더니

"광열비(전기, 가스, 수도)가 4만 엔이 나왔어요. 학원 규정상 광열비는 1인당 8천 엔까지만 지원해 주고 초과액은 학생들에게 부담합니다. 손상의 방은 3명이 살고 있으니 초과금액 16,000엔의 3분의 1인 5,400엔을 내 주세요."

광열비 규정은 학원마다 조금씩 다르다. 방세를 조금 낮게 받는 대신 광열비는 전액 본인 부담이거나, 방세를 조금 높게 받는 대신 일정 부분의 광열비를 지원해 주고, 초과분에 대해서는 차액을 징수하는 방식이 있다. 내가 다니던 학원의 기숙사는 후자로, 방세에 광열비 8천 엔이 포함되어 있었다.

'엥? 광열비가 4만 엔? 60만 원! 우리 집엔 3명밖에 안 사는데 무슨 광열비가 이렇게 많이 나왔지?'

도무지 이해가 가지 않아서, 광열비 명세서를 확인해 보았다. 사실이었다. 5천 엔이면 1주일 식비인데 이걸 한꺼번에 내야 한다니… 하늘이 노래지는 느낌이었다. 왜 이렇게 되었는지 곰곰이 생각해보니, 나는 집에 들어가서 자기 전까지 히터를 계속 켰다. 잘 때는 이불 속에 있으니 히터를 끄고 잤지만, 아침에 일어나자마자 추운 것이 싫어서 일어나기 1시간 전에 히터가 가동되도록 타이머를 맞춰 놓았었다.

같이 살던 두 친구는, 방에서 히터를 얼마나 틀었는지는 모르겠지만 다른 집에 사는 학원 친구들을 불러 요리를 해 먹으며 가스를 많이 쓰곤 했다. 아마 나는 전기를 엄청나게 썼고, 친구들은 가스와 전기를 골고루 많이 쓰지 않았을까?

더 문제는, 광열비가 12월 사용분이 1월 하순에 통지가 된 것이었는데 1월에도 그 정도로 썼다는 사실이었다. 역시나 1월분 광열비도 초과하여 2월 하순에 4천 엔 정도를 냈다. 내가 다닌 학원 기숙사도 지금은 광열비가 학원 전액 부담으로 바뀌었다고 한다.

일본은 우리나라보다 수도, 전기, 가스요금이 상당히 비싸다. 혹 일본에 살게 된다면, 집의 계량기가 어디에 있는지 확인하고 수시로 계량기를 보면서 어느 정도 사용했는지를 점검하는 습관을 길러야 한다. 특히 겨울에는 난방을 하는데, 무심코 온풍기를 많이 틀었다가는 전기료 폭탄을 맞게 될지도 모르니 조심해야 한다. 아르바이트로 번 돈을 다 광열비로 바치는 상황이 발생할지도 모른다.

참고자료

오사카가스 · 서울도시가스 주택용 가스요금 비교표 (2019년 기준)

○ 20㎥ 사용시

서울도시가스 약 14,000원 / 오사카가스 약 4,200엔

○ 30㎥ 사용시

서울도시가스 약 20,700원 / 오사카가스 약 5,600엔

(서울도시가스 및 오사카가스 가스요금 요율표 기준. 상기 가격은 공급하는 회사나 도시에 따라 다를 수 있음.)

귀국 전 돈이 많이 남았다고 좋아하면 안 된다

고베에서 5개월 거주 후, 어느덧 귀국 시기가 되어 쓰던 물건들을 한국으로 보내기 위해 우체국에 갔다. 한국에서 출국할 때는 항공편으로 짐을 보냈었다. 일본에서 한국으로 짐을 보내

는 항공편 요금도 비슷하거나 약간만 비싸지 않을까 생각했는데, 우체국에서 알려주는 가격이 상상을 초월했다. 당시 환율 기준으로 한국의 3배 정도 비용이었다.

“한국은 가까운데도 이렇게 비싼가요?”

“네. 그나마 한국이라서 싼 거예요.”

역시 배편이 저렴했다. 대신 배로 짐을 보내면 시간이 오래 걸리기 때문에 귀국 후에도 당장 필요 없는 짐들만 배편으로 부쳐야 했다. 집에 가서 짐을 새로 싼 후 배편으로 부쳤다. 배편으로 부치면 대략 도착까지 2주일 정도 걸린다.

굳이 한국에 가지고 갈 필요가 없으며 버리기 아까운 물건들은 친구들에게 나눠주기로 했다. 하다못해 오백 엔이라도 받아야 하는 거 아니냐는 친구들 말에

“괜찮아. 이거 한국에 부치면 요금이 너무 비싸. 그렇다고 멀쩡한 데 버리기도 아깝잖아. 너희들은 일본에서 몇 년 살 생각하고 온 거니까 필요하면 다 가져가도 돼.”

친구들도 우편요금 이야기를 듣고 많이 놀랐다. 귀국 전에 생활비가 남았다고 흥청망청 쓰면 절대 안 된다. 본국으로 보낼 짐의 우편비, 살던 집에서 퇴거 시 광열비도 정산해야 하고, 거주하던 집의 청소 상태가 불량할 경우 청소비를 내야 할 수도 있

다. 게다가 귀국할 때 위탁수하물 무게 초과로 추가 요금을 낼 수도 있으니, 비행기 타기 전까지 바짝 긴장하고 지내지 않으면 정말 필요한 물건을 버리고 와야 하는 억울한 상황이 벌어질지도 모른다.

<u>참고자료</u>

한국 · 일본 우편요금 비교표 (2019년 기준)

○ 국내 일반우편 기본요금

한국 380원 / 일본 82엔

○ 항공소포 20kg 요금

한국 → 일본 68,000원 / 일본 → 한국 11,850엔

○ EMS 20kg 요금

한국 → 일본 91,500원 / 일본 → 한국 18,500엔

(한국 우정사업본부 · 일본 우체국 검색 기준)

내가 살던 시기는 앞서 언급했듯 고환율 시절로 체감 물가는 훨씬 더 비쌌다. 당시에는 나이도 어렸고 타지에서의 첫 홀로 살기여서 생활하는데 이런저런 잡다한 비용이 추가로 많이 들어가리라는 예상을 하지 못했다. 비록 생활비 때문에 고생은 했지만, 일본에서의 경험이 모두 나쁘지만은 않았다.

일본에서는 외국인이 집을 구하려면 매우 까다로운 절차(보증인, 사례금 등)를 거쳐야 하고, 이런 어려움이 없는 먼슬리맨션(레오팔레스 등)은 대신 집세가 비싸다. 내 경우는 다행히 학원 기숙사가 있어서 집 구하느라 고생은 하지 않았다. 그리고 같은 어학원 친구들이 기숙사 건물에 모여 살아서 정보 교환도 쉬웠고, 서로 도움도 많이 주고받을 수 있어서 좋았다. 어학원 생활을 통해 일본어 실력도 많이 늘어서 언어 장벽으로 망설였던 일본 소도시 여행도 어학연수 후에는 갈 수 있었다.

어학연수도 벌써 9년 전 일이다. 지금은 일본 맞춤 여행 전문 여행사를 운영하고 있다. 고베 어학연수가 큰 도움이 되어 지금의 내가 있게 된 것 같다. 인생을 바꾸어 준 일본에서의 생활이 지금도 가끔 그리워진다.

2 三宮センター街東口
乗継割引実施中!!
009
22-47

大安亭市場

도쿄

도쿄가 나에게 가르쳐준 몇 가지

임경원

학창시절, 공부보다는 뉴욕, 런던, 파리, 밀라노, 베를린, 바로셀로나 등 세계의 대도시에서 한 달 이상 살아보고 싶다는 상상을 더 즐겼다. 특히 도쿄에 가보고 싶었다. 하지만 학교를 졸업하고 사회생활을 시작한 지 10년이 지나도 어느 한 곳 가보지 못했다. 외국 어느 도시에서 한 달 살기는 아주 오랫동안 마음속에만 품은 작은 꿈이 되어가고 있었다.

하지만 2011년 3월 11일, 동일본 대지진의 발생으로 마음 한구석 숨겨두었던 도시여행의 불씨가 되살아났다. 매스컴에서는 일본 지진에 관한 뉴스가 쉴 새 없이 흘러나왔다. 당시에는 일본에 가면 위험하다는 여론이 압도적이었다. 그러나 나는 도리어 '지금 도쿄에 가야 한다'라고 생각했다. 누군가 농담으로 했던 말처럼 일본이 사라지거나 가라앉는다면 나는 그토록 가보고 싶어 했던 도쿄를 영영 못 만나게 된다. 어딘가에서 "지금이 도쿄를 만나야 할 때다!"라는 음성이 들려오는 것 같았다.

"그래, 도쿄로 가자!"

도쿄로 가기로 한 결심은 쉬웠지만, 현실에는 넘어야 할 벽들이 산재해 있었다. 우선 백수인 나에게는 도쿄에 갈 수 있는 비행기 티켓비용조차 없었다. 해답은 간단했다. 비용을 마련하면 갈 수 있다. 이왕 가는 김에 한 달 이상 살면서 일본어도 배우면 좋겠다고 생각했다. 무작정 도쿄에서 짧게라도 한 번 살아보자는 생각에 일본어학교에 다니기로 마음먹었다. 서류 준비를 하고 비자신청을 했다. 하루 14시간씩 호텔에서 침대 커버 갈아끼우는 아르바이트를 하며 일본에 갈 비용을 마련하고 있을 때 비자가 나왔다는 연락을 받았다. 날아갈 것처럼 기뻤다.

도쿄에서 단샤리, 심플라이프에 빠지다

나는 언제든 어디론가 떠날 수 있다. 왜냐면 내가 소유한 물건은 여행용 트렁크 하나에 충분히 다 들어간다. 때론 기내용 트렁크 가방이나 배낭 하나만으로도 가능하다. 나는 도쿄에서 미니멀리즘, 단샤리(불필요한 것을 끊고(断), 버리고(捨), 집착에서 벗어나는(離) 것을 지향하는 정리법), 와비사비(わびさび, 일본의 문화적 전통 미의식, 미적관념의 하나로 투박하고 조용한 상태를 가리킨다. 와비는 한적한 정서, 사비는 오래된 것에 대한 미련을 의미하는데 완벽한 미학보다는 약간 모자란 듯한 모습에서 더 큰 미학이 보인다는 의미), 심플라이프를 만났다.

도쿄행 비행기를 처음 탔을 때도 여행용 트렁크 2개, 작은 가방 2개, 배낭 2개 등 비행기 위탁 수화물 무게를 거뜬하게 초과했다. 도쿄에 살면서 짐은 더욱 늘어만 갔다. 조그만 방에서 걸어 다니기조차도 힘들 만큼 물건들이 쌓여갔다.

그러던 어느 날 밤, 우연히 정리컨설턴트 '콘도 마리에'에 관한 방송을 보게 되었다. 방송을 시청한 후 태어나서부터 착용해 온 안구 앞에 낀 색안경이 벗겨져 나가는듯한 엄청난 충격을 받았다. 그때 '정리 컨설턴트'라는 단어를 처음으로 접했다. 방송이 끝나고도 그녀의 이미지가 머릿속을 떠나지 않았다. 인터넷을 검색해보니 그녀는 정리컨설턴트로 유명했고 베스트셀러 저자였다. 그날 밤 꿈속에까지 나타나 정리의 마법에 대해서 가르쳐주었다.

그녀의 책 네 권을 사서 읽었다. 이 일은 일본에 와서 일본어 원서를 처음 읽게 된 계기가 되었다. 그 무렵 일본어학교에 다니고 있었는데, 당연히 지금의 일본어 실력보다 형편없었지만 무작정 책을 읽었다. 처음에는 글이 많은 책보다 일러스트와 사진이 많은 책부터 읽었다. 콘도 마리에 상이 가르쳐준 대로 설레는 정리의 마법을 적용해 보았다. 물건들이 점점 줄어들었다.

2018년에는 그녀의 책까지 포함해 책 대부분을 정리했다. 이 일을 기억하고 싶어서 그녀의 책을 포함해 몇 권의 책 사진을 인스타그램에 올렸는데 콘도 마리에 상이 '좋아요'를 눌러주었다. 생각지도 못했는데 기뻤다.

다른 정리컨설턴트의 책도 읽었다. '야마시타 히데코'의 단샤리에 관한 정보를 접하고 더욱 미니멀리즘을 추구하게 되었다. 예전에는 영화티켓 1장 함부로 버리지 못했고, 소비하기에 급급했는데 이제는 물욕마저 사라졌다. 현명한 소비를 하게 되었다. 지금은 물건이 너무 많지 않아서 좋다.

내게 무엇이 필요한가, 불필요한가를 선택할 수 있는 힘을 길러준 단샤리에 감사한다. 나에게 심플라이프 스타일을 만나게 해준 도쿄에도 감사한다.

일상이 여행이고 여행이 일상이라면

"나는 도쿄를 잘 모른다" 도쿄에서 6년을 살고도 내 입에서 툭 튀어나온 말이다. 도쿄를 동경했던 나로서는 너무 어울리지 않는다는 생각이 들었다. 뭔가 변화가 필요했다. 만약 이대로 한국에 돌아간다면 너무 억울하고 평생 후회할 것 같았다. 그래서 2018년을 맞이하며 하고 있던 모든 일을 일단 정지했다. 도쿄를 즐기기로 했다.

그렇다고 화려한 여행을 계획한 것은 아니다. 그냥 도쿄의 일상을 즐기자, 라는 생각이었다. 일상이 여행이라는 생각, 멀리 떠나지 않아도 현실에서 즐길 수 있는 여행을 계획했다.

집 밖으로 나온 것만으로도 여행은 시작이었다. 도쿄의 푸른 하늘, 맑은 공기, 온도, 비, 태양, 공원, 전철, 빌딩 숲, 자전거 행렬, 붐비는 차량… 모든 것을 호흡하듯 그대로 느꼈다. 항상 자전거를 타고 돌아다녔다. 비가 내리면 빗속을 누볐다. 자전거를 타는 순간 자유를 느꼈다. 두 번째 발 역할을 하는 자전거는 도쿄의 이곳저곳으로 나를 안내해주었다.

문득 자전거와 철도를 좋아하는 나에게 특별한 여행을 선물하고 싶다는 생각이 들었다. 도쿄에 와서 처음 탄 전철이 오에도선이다. 가장 많이 이용하는 전철은 야마노테선이다. 두 노선의 특징이라면 도쿄 중심부를 한 바퀴 순환하거나 돌게 되어있다. 그렇다면 이 두 개의 노선을 따라 돌면 도쿄를 두 바퀴 도는 것이라는 생각을 하게 되었다. 먼저 오에도선보다 거리가 짧고 역의 수도 적은 야마노테선을 따라 한 바퀴 돌았다.

방법은 이랬다. 그날 가고 싶은 역에 가서 그 주변을 산책하고 다시 가까운 역으로 향했다. 그리고 역 앞에서 기념사진 찍었다. 시간이나 순번을 정해놓고 한 바퀴를 도는 것이 아니었기에 몇 달이 소요되었다. 그렇게 오에도선까지 무사히 도쿄를 두 바퀴를 돌았다. 추억의 사진이 쌓여가는 대신 혹독한 겨울이 점점 다가오고 있었다. 당연하지 않은가? 1년 동안 거의 일을 하지 않았기에 다시금 빈털터리 거지가 되었다.

어느덧 2018년의 도쿄 놀이는 슬슬 막을 내렸고 연말이 찾아왔다. 당장 일하지 않으면 굶어 죽을 지경에 처했다. 그러나 나는 아직 죽지 않았다. 지금 이렇게 살아서 노트북 키보드를 두드리고 있다. 다행히 지인이 소개해 준 호텔 야간근무 일을 하게 되었다. 그렇게 해서 굶어 죽지 않고 냉난방 빵빵한 호텔에서 일하게 되었다. 내 생명을 살려준 지금의 일에 감사할 뿐이다. 한동안 돈 없이 놀고먹는 불편한 자유를 실컷 맛보았다.

일본어, 여행을 만나다

책상 앞에 앉아서 하는 일본어는 나와 맞지 않았다. 그래서 나는 '일본어 여행'을 선택했다. 거리의 간판, 카페에서 들리는 대화, 식당의 메뉴판, 찌라시, 매스컴, SNS, 책, 디자인, 건축, 일본문화, 역사 등 모든 것이 일본어 여행의 일부분으로 나에게 다가온다. 따라서 일본어를 차근차근 공부한 사람들과 비교하면 속도도 느리고 문법도 엉망진창이다. 하지만 포기하지 않고 일본어 공부의 재미를 계속 찾았고 지금은 일본어가 평생 취미로 자리 잡아가고 있다.

몇 년 전 동네 맥도날드에서 중절모에 정장을 입고 영어공부를 하는 한 할아버지를 만난 적이 있다. 노트에 영어문장을 계속 베껴쓰기 하고 있었다. 노트에 쓴 문장을 다시 읽으면서 줄을 긋고 다시 필기체로 메모를 했다. 노트의 흰 여백이 보이지 않을 정도로 글씨가 빽빽했다. 책에 줄을 긋고 동그라미를 치고 이런 저런 체크 표시를 했는데 얼마나 많이 보았는지 책장은 너덜너덜해져 있었다. 마치 현대판 사무라이가 칼 대신 펜으로 글자의 리듬을 타고 즐기는 모습처럼 보였다. 그 모습이 너무 멋있게 느껴졌다.

당시에 신주쿠 주변을 포함해서 이곳저곳의 맥도날드를 탐방했다. 그러면서 느낀 점은 노인들이 맥도날드에서 시간을 많이 보낸다는 사실이다. 멍하니 앉아 있거나, 신문을 읽거나, 엎

드려 잠을 자거나, 친구와 대화를 나누는 모습이 보통이었다. 그러던 중에 영어 공부하는 할아버지의 모습은 나의 시선을 멈추게 했고 호기심을 발동시켰다.

"지금 무슨 공부를 하시는 겁니까?" "영어공부를 하는 중이야." "왜 영어를 공부하시는지 여쭤봐도 될까요?" "목적 같은 건 없어, 그냥 영어공부가 취미야!"라고 간단하게 말씀하시고 다시 영어공부에 집중했다. 옆에는 영어사전과 일본소설 책도 보였다. 그 후로도 오후에 가면 항상 그 할아버지는 영어공부를 하고 계셨다. 만날 때마다 인사를 드렸고 전화번호를 교환할 정도로 친해졌다. 그래서 더욱더 깊은 이야기까지 나눌 수 있게 되었다.

할아버지는 중학교 때 몸이 불편한 영어 선생님이 최선을 다해서 가르쳐주시는 모습에 반해서 영어에 관심을 가지게 되었다. 그렇다고 영어를 잘하지는 못했는데 마음 한구석에 영어를 잘하고 싶다는 생각은 늘 갖고 있었지만 열심히 하지 않았다. 결혼 후에 영어교재를 종종 사거나 영어신문을 구독했는데, 그래서 그분의 아내는 당연히 그가 영어를 잘할 것이라고 믿고 있었다고 한다. 그러나 그게 진실이 아니었다는 것이다.

훗날 아내를 먼저 지구에서 떠나보내고 자신이 영어를 잘한 것이 아니라 관심만 있었고 잘하는 척만 했다는 사실이 너무 마음에 걸렸다고 한다. 아내를 혹시 하늘에서 다시 만나게 되면 솔직하게 자백하고 이제는 정말 영어를 잘하게 되었다고 떳떳하게 자랑할 것이라고 말했다. 과정은 어찌 되었든 영어공부를 취미로 하는 할아버지의 모습은 너무 멋져 보였다.

그때 나도 다짐했다. 노인이 되어도 외국어 하나쯤은 취미로 할 수 있는 지식인으로 늙어가자고. 하릴없이 공원에서 시간을 보내는 노년이 아니라 클래식 음악이 흐르는 호텔 커피숍에서 일본어 잡지나 일본어책을 읽으며 일본어가 가능한 친구와 일본어로 수다를 떨며 노년의 여유를 즐기기로. 나는 여전히 앞으로 새롭게 만나게 될 일본어 여행이 무척 기대되고 가슴 설렌다.

어딘가로 떠나 볼까 망설이는 누군가에게 나는 일본 도쿄를 추천한다. 일본에서 100달 살기에 도전하고 있는 내가 도쿄, 일본을 추천하는 10가지 이유는 다음과 같다.

1. 시차가 없고 거리가 가깝다. 2시간 30분 이내의 비행시간. 후덕하게 시간을 좀 세일하고 2시간이라고 생각하면 더욱더 가깝게 느껴진다. 서울에서 아침 식사를, 도쿄에서 점심 식사를, 다시 서울로 돌아와 저녁 식사를 즐길 수 있는 거리. 가깝지만 서울과 도쿄의 분위기는 무척 다르다. 우선은 언어부터 다르고 간판의 글자는 생소하다. 2시간 만에 외국이라는 것을 바로 실감한다.

2. 치안이 좋다. 서울도 치안이 좋지만 도쿄도 치안이 잘 되어 있다. 예를 들어 밤늦게 여자 혼자서 돌아다녀도 안전한 도시로 서울과 도쿄는 세계에서 두 번째 가라면 서러울 정도일지도 모른다. 사건·사고도 드물지만, 만약 발생해도 사건 해결은 순식간인 것 같다.

3. 음식문화가 비슷하고 24시간 영업하는 가게가 많다. 주식이 쌀이다. 매 끼니로 쌀밥을 먹을 수 있는 것만으로도 일본에 오길 참 잘했다는 생각을 한다. 나는 된장을 좋아한다. 그래서

된장국을 비롯한 된장이 첨가된 요리를 우선순위로 선택한다. 한국에 청국장이 있다면 일본에는 낫토가 있다. 낫토 하나면 밥 한 그릇은 뚝딱 해치운다. 규동 전문점은 가격도 저렴하고 대부분 24시간 영업을 한다. 규동과 된장국을 세트로 언제든 먹을 수 있다. 일본 정식을 파는 식당에서도 된장국은 기본으로 나오거나 추가메뉴에 포함된 경우가 일반적이다. 일본마트에는 김치, 한국 라면도 다 판다. 일본인도 김치와 한국식품을 좋아한다. 여기저기에 24시간 도시락 전문점, 기차역에는 역 도시락(에끼벤) 전문점도 있다. 이 도시락들이 내 입맛에 너무 잘 맞아서 고민이다. 뭐가 고민이냐고? 맛있는 도시락이 많으니 어떤 것을 선택해야 할지 망설여지는 행복한 고민이다.

4. 교통이 편리하다. 전철과 지하철이 구석구석 잘 연결되어있다. 도착 시간이 거의 정확하다. 버스, 전철, 신칸센의 환승, 승차 시간을 검색할 수 있는 애플리케이션 서비스도 잘 되어있다. 택시도 한국처럼 손들면 세워주고 전화 예약도 가능하다. 택시는 자동문이어서 양손에 물건을 들고 있어도 걱정 끝, 타기만 하면 된다. 하지만 안전벨트는 스스로 메야 한다는 것 잊지 마시길. 이곳저곳에 한국어로 설명된 길 안내문이 많아서 거리에서 길 찾기도 편하다.

5. 혼자 살기에 편하다. 주거환경, 편의시설, 24시간 편의점 및 슈퍼가 많다. 혼자 밥을 먹기에 편한 식당시설과 혼자 밥을 먹는 게 너무나 당연한 싱글 문화가 잘 형성되어있다.

6. 공기가 맑아서 푸른 하늘을 볼 수 있다. 대신 벚꽃 만발한 봄날, 꽃가루에 약하신 분은 마스크를 휴대할 것. 오염된 하늘을 본 적이 없다. 물론 도심의 공해도 있을 것이다. 하지만 매연을 느끼지 못할 정도이므로 나는 만족한다. 자동차의 경적 듣기는 아주 드문 일이다. 동네의 거리는 대체로 깨끗하다. 아침 저녁에 골목 앞을 쓸고 있는 할머니들을 자주 만난다. 지구의 환경을 깨끗하게 지켜주시는 할머니들에게 "오하요우 고자이마스, 아리가또우 고자이마스!"라는 인사가 저절로 나온다. 거리를 달리거나 운동하는 사람들을 심심찮게 볼 수 있다. 강아지 두세 마리를 데리고 산책하는 광경을 자주 본다. 당연히 고양이를 키우는 사람들도 많다. 고양이 택배, 고양이 은행도 있다. 그렇다고 고양이가 택배를 보내거나 은행을 운영한다는 뜻이 아니므로 오해가 없기를. 고양이 이미지를 사용하는 회사라는 말이다.

7. 도심 곳곳에 공원이 많아서 언제든 산책할 수 있다. 큰 나무가 많아서 역사를 머금은 도시라는 것이 느껴진다. 분주하게 길을 걷다가도 공원을 마주치면 기분이 좋아지고 슬로라이프

를 살고 싶어진다. 길을 걷다 공원을 만나면 잠시 지금 하던 일이나 생각의 스위치를 끄고 숲속에서 자연의 샤워를 만끽해 보길 추천한다.

8. 자전거 천국, 자전거가 없다면 공공자전거를 사용해도 된다. 나에게 자전거 없는 일상은 상상할 수가 없을 정도다. 그만큼 자전거는 두 번째 발이나 마찬가지이다. 자신이 마음먹은 거리는 자전거로 얼마든지 왕래할 수 있다. 때론 자전거는 도로의 무법자가 되기도 한다. 도로, 인도 어디든 다닐 수 있다. 오토바이, 자동차는 꿈도 못 꿀 일이다. 자전거를 타는 순간 기분이 좋아지고 나만의 자전거 여행이 시작된다.

9. 문화, 예술, 쇼핑, 놀이를 즐길 곳이 많다. 신주쿠, 하라주쿠, 시부야, 롯폰기, 긴자, 다이칸야마, 나카메구로, 지유가오카, 키치죠지, 아자부주반, 오다이바 등은 이름만 들어도 가슴이 설렌다. 인터넷 검색만 해도 무수한 정보들이 쏟아져 나올 것이므로 자세한 설명은 여기서 패스.

10. 만약 일본 유학을 생각한다면 여기서 주목. 자신의 힘으로 생활비와 학비를 충당하면서 학교에 다닐 수 있다. 과연 유학생이 돈을 벌면서 공부할 수 있는 나라가 얼마나 될까? 먼저 철저하게 계획을 세워야 한다. 독하게 공부하고 틈을 내어 아르바

이트까지 하면서 최선을 다하는 학생은 저축까지도 가능하다. 실제로 그렇게 유학 생활에 성공한 유학생 선배나 유학생 후배를 여러 명 만났다. 현재 내가 일하는 곳의 한국인 유학생은 1년간 워킹홀리데이 비자로 와서 진학을 목표로 돈을 모았다. 그리고 1년 학비가 200만 엔이 넘는 전문학교에 입학했다. 한마디로 요약하자면 이렇다. "돈이 없는 사람도 자신의 힘으로 일본 유학이 가능하다." 단, 유학생으로서 공부와 아르바이트 중 어디에 중점을 두어야 할지를 잊어서는 안 된다.

三ノ輪橋
早稲田
Arakawa Line
7706
Arakawa Line
7707

BONS

교토

교토의 악몽

윤수연

2017년 봄, 일본에 넉 달 반 동안 교환학생으로 유학을 다녀왔다. 그때 일기 삼아 썼던 블로그의 글을 최근에 읽어보았다. 일기는 처음 몇 주만 성실하게 쓰여 있었는데, 일본 생활에 대한 꿈과 희망으로 가득 차 있어서 웃기면서도 한편으로는 씁쓸함을 느꼈다.

당시에만 해도 일본에서 하고 싶은 일이 아주 많았다. 일본인 친구를 많이 사귄다든지, 아르바이트로 돈을 많이 벌어 근교 여행을 하거나 사고 싶었던 원서 만화책을 산다든지 같은 평범한 목표부터, 마작, 쇼기(일본식 장기), 하이쿠 등 일본 특유의 취미생활을 배우자는 독특하고 구체적인 목적도 있었다.

그러나 나의 이런 기대가 산산조각이 나기까지는 그리 긴 시간이 걸리지 않았다.

금전적인 어려움

먼저 주거지를 구할 때부터 돈이 많이 들었다. 원래 일본에서 집을 빌리기 위해서는 보증금과 두세 달의 월세와 사례금까지 필요해서 초기비용이 많이 든다. 그리고 돈이 있다 해도 일본인 보증인이 없으면 계약해 주지 않는 곳도 많다. 그 때문에 도쿄와 같은 대도시는 '동유모'(다음 카페 '동경 유학생 모임'의 줄임말. 도쿄에서의 거주지는 물론 어학원, 아르바이트 등 유학이나 워킹홀리데이 생활에 필요한 정보가 활발하게 공유되는 카페)와 같은 커뮤니티를 통해 보증금과 사례금을 최소한으로 줄일 수 있는 정보를 많이 얻을 수 있지만, 교토처럼 유학생이 적은 지역은 정보를 얻기도 어렵다.

교토 유학에 대한 정보를 얻기 위해 인터넷으로 이것저것 찾아보다 결국 국내 부동산 업체를 통해 계약했다. 거주기간이 짧아질수록 비싸지는데 넉 달 반을 사는데 월세와 인터넷 비용, 기타 공과금을 포함한 집세만 500만 원이 넘게 나왔다. 그러나 손 떨리는 소비는 이제 시작에 불과했다.

자취방이 교토역 동남쪽 외진 동네에 있어서 주로 지하철 도자이선을 이용했는데, 집(나기쓰지 역)에서 학교(히가시야마역)까지의 교통비가 편도 260엔, 왕복 510엔이었다. 한 달에 스무 번 학교에 간다고 계산하면 통학으로만 10,200엔이 들었다. 물론 정액권을 사면 한 달에 약 8,000엔까지 금액을 낮출 수는 있었지만, 부담되기는 마찬가지였다. 그리고 교토의 중심가인 가와라마치(교토시야쿠쇼역)까지의 교통비는 편도 290엔, 교토역을 통해 오사카까지 가면 편도 1,000엔은 우습게 나왔다. 교통비가 부담돼서 유학 막바지에는 거의 집과 학교만 왕복했다.

집세와 교통비가 아닌 기본 생활비도 만만치 않았다. 자취 초반 한국에서 세제와 치약 같은 생필품을 가져왔음에도 불구하고 자꾸 필요한 생활용품이 늘어나서 100엔숍을 자주 드나들어야 했다. 가장 큰 부담은 식비였다. 일본의 슈퍼마켓에는 1인 가구를 위한 소량포장 상품이 많고, 편의점에도 다양한 도시락과 디저트가 많다는 이야기를 일본에 가기 전에 들었다. 하지만 그건 사람이 많이 사는 중심 도시에서나 통용되는 이야기였다.

자취방 근처 슈퍼마켓은 한국과 마찬가지로 많이 살수록 싼 구조였다. 양이 많은 신선식품을 사면 나 같은 1인 가구는 다 먹지도 못하고 버리는 양이 더 많을 것이 뻔했다. 결국, 200엔 미만의 유통기간 임박 세일을 하는 어묵이나 두부, 레토르트 식품 등으로 연명해야 했다. 이전에 자취를 해 본 경험이 없어서 재료를 사서 직접 해 먹기 쉽지 않았다. 점심에 학교 근처 슈퍼마켓에서 도시락 사 먹는 금액까지 포함해 하루에 2,000엔 가까이를 식비로 써야 했다.

정서적인 어려움

학기 초에는 학교에서 일본인 학생들과 직접 만날 수 있는 작은 환영회나 점심 자리를 마련해 줘서 며칠 정도는 일본어를 많이 해볼 수 있었다. 그러나 그들과의 점심도 점점 약속을 잡기 힘들어졌고, 첫날 교환한 라인으로 이런저런 대화를 이어가려고 했지만, 나의 코뮤쇼(コミュ障, 커뮤니케이션 장애) 성격과 겹쳐서 오래 교류할 수 없었다.

다른 어학연수나 교류회를 통해 일본인 학생과 이야기를 나눌 때마다 느끼는 일이었지만, 한국에 관심이 많은 일본인은 정작 일본에 관심이 없고, 반대로 일본에 관심 많은 한국인은 자국 문화에 무심한 경우가 많았다. 그래서인지 적극적인 성격이 아니면 오래 교류하기가 힘들었다. 공통 화제를 찾는다고 처음부터 민감한 국제관계에 관해 이야기를 할 수도 없고.

사실 원래 혼자 지낸다고 하더라도 외로움을 타지 않고, 오히려 관계를 귀찮아하는 성격이어서 이런 학교에서의 실망감은 그리 큰 문제가 아니었다. 문제는 아르바이트였다. 아르바이트 하면서 얻은 스트레스에 비하면 '새 발의 피'였다.

나는 죠브센스(현 맛하바이토)라는 구인, 구직 사이트를 통해 아르바이트를 구했는데, 사실 일본어 외에 아무런 스킬도 없는 단기 유학생이 할 수 있는 일은 많지 않았다. 그리고 위에서 말한 코뮤쇼 성격 때문에 사람을 많이 접하는 판매업은 하고 싶지 않았고, 결국 할 수 있는 일은 요식업 쪽 업무밖에 없었다.

그중 내 눈에 들어온 것은 노래방 직원 구인 글이었다. 평점이 5점 만점에 2점밖에 안 된다는 것이 마음에 걸리기는 했지만, 노래를 부르는 것이 전부인 한국의 노래방과 달리 다양한 음식과 음료, 그 밖에 여러 가지 서비스를 제공한다는 일본의 노래방 문화에 흥미가 있었기에 과감히 이력서를 넣었다.

3개월밖에 일하지 못한다는 핸디캡은 있었지만, 면접에 무리가 없을 정도로 일본어 회화에는 자신이 있었다. 덕분에 노래방에는 쉽게 취직할 수 있었다. 그러나 처음의 기대와 달리, 한 달도 채우지 못하고 그만두어야 했다. 처음으로 일본에서 아르바이트를 하면서 가장 힘들었던 일은 다음과 같다.

첫 번째는 무서운 선배 직원이었다. 첫날에는 청소나 음료에 대해 하나하나 잘 알려주었지만, 바로 다음 날부터 인격이 달라진 사람처럼 사소한 잘못에도 무섭게 다그쳤다. 한국에서 각종 아르바이트를 하면서 정신을 많이 혹사했기 때문인지 유난히 연약한 정신력을 가졌던 나는 쉽게 스트레스를 받았다.

외국인이지만 일본인과 같은 시급을 받는 만큼 똑같이 잘해야 한다는 압박감에 시달리다가 결국 한 달도 채우지 못하고 무너져 내렸다. 혹자는 이 정도로 아르바이트를 그만둔 내가 너무 약하다고 말할 수도 있다. 처음에는 나도 내가 정신력이 강한 사람이었으면 3개월 정도는 쉽게 버텼을 거라고 생각했다.

그런데 그만두면서 퇴사서를 쓸 때 다른 직원에게 그 무서운 선배 직원에 관한 이야기를 살짝 했더니, 놀랍게도 다른 직원들도 그렇게 느낀다는 이야기를 했다. 한국에서 아르바이트할 때 다른 직원들에게 피해를 줄 정도로 성격이 이상한 직원이 있어도 능력이 있어서, 혹은 오래 일했기 때문에 해고하지 못하고 어쩔 수 없이 붙잡아 두는 경우가 많았는데, 일본에서도 똑같은 일이 있다는 사실에 너무 놀랐다.

두 번째는 무례한 손님과 그 손님으로 인한 피해를 잘 처리하지 못하는 치프(매니저 아래의 고참 직원)였다. 내가 일하던 노래방에는 며칠에 한 번 온몸에 안 씻은 냄새를 풍기고 찾아와 문이 제대로 닫히지 않는다고 큰소리를 지르는, 전문적인 도움이 필요해 보이는 진상 단골이 있었다. (문은 스프링이 달려서 자동으로 세게 닫히지 않고 천천히 닫히도록 고안된 형태였다)

서빙하거나 지나가면서 마주치는 나도 무서웠지만, 다른 고객으로부터도 불편하다는 클레임이 들어와서 치프에게 이야기 했지만, 원래 저런 분이라고 하면서 아무런 조치도 하지 않았다.

일본인은 항상 남에게 피해를 끼치지 않도록 조심한다는 이야기를 상식처럼 알고 있었고, 친남동생이 발달장애인이어서 지체 장애에 대한 편견이 없음에도 불구하고 꽤 무서우면서도 충격적인 일이었다.

세 번째는 엉망인 시프트 관리였다. 일본 아르바이트는 시프트 제도를 통해 개인과 가게의 사정에 맞춰 유동적으로 시간표를 조절할 수 있다는 이야기를 들었다. 반면 한국의 아르바이트는 직원 배치를 여유 없이 딱 맞게 해서 갑자기 한 명이 빠지면 비상사태가 된다. 한국의 아르바이트 관리에 비하면 일본의 시프트는 좋은 제도라고 생각했다.

그러나 시프트를 제대로 지키지 않는 직원 탓인지, 시프트를 잘 짜지 못한 매니저 탓인지는 모르겠지만, 입사 한 달도 안 된 신입 직원 두 명에게 주방 전체를 맡기는 것을 보고 충격에 빠졌다. 게다가 그날 하필이면 가장 어려운 메뉴인 파르페 주문이 들어와서 초보 두 명이 과자 하나를 찾기 위해 온 주방을 뒤지고 다녀야 했다. 게다가 나는 일본 과자 종류를 잘 모르기 때문에 사실 멍하니 서서 발을 동동 구르는 것밖에 할 수 있는 일이 없었다.

더 충격적인 사실은 가게가 위기 상황이나 마찬가지인데도 매니저는 코빼기도 보이지 않았다는 것이다. (카운터는 치프 한 명이 전담하고 있었다) 사람이 부족하면 매니저, 사장은 물론 가족까지 총동원하는 한국의 자영업 문화에 익숙했던 나는 놀라지 않을 수 없었다. 그 밖에 노래방이 굉장히 넓어서 육체적으로 힘들었다든지, 서빙 도중 갑자기 노래 한 곡 부르고 가라는 가벼운 성희롱을 시도하는 아저씨 등은 이야깃거리도 되지 않는다.

결국, 어느 날 갑자기 방에 걸려있는 노래방 유니폼을 보고 어딘가에서 뛰어내리고 싶다는 강한 충동에 사로잡히기도 했다. 하지만 여기서 죽으면 나라 망신이라는 생각이 들었다. 도저히 버틸 수 없었던 나는 큰 실례를 무릅쓰고 그날 바로 그만두겠다는 메시지를 보냈다.

갑자기 수입원이 끊긴 나는 생활비를 부모님께 송금받으며, 돈이 드는 모든 취미 생활을 포기해야 했다. 외출하는 교통비마저 부담스러워 집과 학교만을 오갔으며, 마지막에는 '내가 이걸 먹고 살 자격이 있는 건가'라는 생각을 하면서도 아프면 돈이 더 든다는 생각에 억지로 입에 음식물을 넣는 지경에 이르렀다.

일본 유학의 마지막 1주일은 일본 여행이 처음인 25년 차

소꿉친구와 보냈는데, 교토 특유의 유적지와 신사, 자연을 보여 주고 싶었던 내 생각과 그저 쇼핑만 하고 싶었던 친구의 욕망이 전혀 맞지 않아 여행 내내 싸웠다. 그리고 한국으로 돌아온 후 1년 반이 지나도록 연락 한 번 하지 않게 되었다. 교토 유학 최악의 마무리였다.

교토는 한국인을 포함한 전 세계 사람들이 찾는 유명한 관광지 중 하나고, 나도 단기 어학연수로 여행한다는 기분으로 교토를 방문했을 때는 많은 유적지와 신사를 자유롭게 돌아다니며 최고의 한 달을 보냈었다. 그래서 교환학생 제도를 통한 교토 단기 유학을 결심했지만, 교토는 관광의 도시이지 외국인이 1년 미만의 짧은 시간 동안 거주하기에는 굉장히 불친절한 동네였다. 어쩌면 내가 운이 나빴을지도 모르고, 소극적인 성격이 유학과 맞지 않았을 수도 있다.

그러나 불사조가 죽어서 다시 태어나듯, 일본에서 자존감과 정신력의 바닥을 찍은 덕분에 새로운 꿈과 희망을 품을 수 있었다. 비록 일본 취업과 정착을 포기하게 된 것은 아쉽지만, 그래도 여전히 나는 외국인으로서 일본어와 일본 문화를 사랑하고, 그 애정을 바탕으로 번역가가 되기 위해 필사적으로 열심히 노력하면서 살고 있다.

Cotton Club
KARAOKE
コットンクラブ
カラオケマラソン
2時間料金で唄い放題!!
ALL20%OFF
駐輪禁止

当店だけ
平日
11:00
~
14:00
フィレオ
フィッシュ
¥100
マクドナルド
ドライブスルー
McDonald
西大路五条

오사카

소심한 나에게 따뜻했던 오사카

김연경

"앗, 늦었다!"

친한 일본인 언니 미유키와 우메다에서 만나기로 한 날, 늦잠을 자버렸습니다. 어제저녁, 라멘 한 그릇을 뚝딱 먹고 호텔로 돌아와, 침대 위에서 뒹굴뒹굴하다가 그대로 잠이 들어 버렸습니다. 오사카에 도착한 첫날 밤에는 다음 날 무얼 할지 고민하다가 뜬눈으로 밤을 새웠는데, 벌써 이곳에 익숙해졌나 봅니다. 그날은 제가 일본에서 한 달 살기를 시작한 지 20일째 되는 날이었습니다.

부랴부랴 옷을 대충 집어 입고 화장도 못 한 채 호텔을 나왔습니다. 달리면서 언니에게 "미안해요, 지금 가고 있어요."라고 메시지를 보냈습니다. 정신없이 갔지만 약속한 시간이 한참 지난 뒤에야 스타벅스 우메다 HEP FIVE 점에 도착했습니다.

"미안, 진짜 미안해(ごめんね、本当にごめんね)" 착한 언니는 괜찮다고 웃어줍니다. 미유키 언니는 일본이 아닌, 제가 교환학생으로 중국 유학을 갔을 때 처음 만났습니다. 같은 반에서 수업을 듣다가 친해졌고, 방과 후에는 도서관에서 학교 교재를 펼쳐 놓고 같이 중국어를 공부하곤 했습니다. 당시 둘 다 중국어 실력이 초급이라 일본어와 중국어를 섞어서 대화를 나눴습니다.

어느 날 제가 일본어책에 실린 한자 '슈지(修二, 사람 이름)'

를 읽는 걸 보고, 언니가 슈지라는 한자도 아냐며 칭찬해주던 기억이 납니다. 지금 돌이켜보면 슈지는 그리 어려운 한자가 아닌데 말이죠. 중국 유학 시절부터 언니는 저의 사소한 점도 많이 칭찬하고, 응원해주는 사람이었습니다.

저녁에는 도톤보리에 있는 쿠시카츠(串カツ) 전문점 '아키요시(秋吉)'에 갔습니다. 가게 간판의 일본어가 붓글씨로 휘갈기듯 쓰여 있어 가게 이름을 알아보기 어려웠습니다. 언니가 가격이 저렴하고 현지인도 많이 찾는다고 추천해서 왔지만, 만약 저 혼자 갔다면 간판의 글자조차 읽지 못했을 것입니다.

가게에는 손님이 꽉 차 있었습니다. 한국어 메뉴판도 준비되어 있었습니다. 음식을 주문한 뒤 가게 내부를 둘러보았습니다. 일을 마치고 온 듯한 양복을 입은 회사원이 가장 많이 눈에 띄었습니다. 젊은 사람부터 나이 지긋한 사람까지 다양했는데, 거의 모두 담배를 피우고 있었습니다. 이미 재떨이에 담배꽁초가 수북이 쌓인 테이블도 있었습니다. 제가 앉은 카운터석이 좁다 보니 제 옆의 딸과 아버지로 보이는 일행과 거리가 아주 가까웠는데, 둘 다 담뱃갑을 꺼내 놓고 담배를 피우고 있었습니다.

가게 안에서 담배를 피우는 풍경은 오랜만에 봤습니다. 한국은 요즘 대부분의 식당과 술집에서 담배를 못 피웁니다. 일본은 아직 한국보다 가게에서의 흡연에 관대한 편입니다. 담배 연기를 싫어하는 사람은 이곳을 꺼릴 수도 있지만, 저는 이곳에서 '아, 내가 외국에 있구나'하는 생각이 들어서 신선했습니다. 많은 사람이 가게에서 편하게 담배를 피우고, 손에는 소주잔이 아닌 위스키에 소다수를 탄 하이볼 잔을 들고 하루의 끝을 매듭짓고 있었습니다.

저도 회사에서의 고단한 일과를 끝내고, 퇴근 후 마음 맞는 동료와 스몰 비어 집에서 술을 마시며 회포를 나누던 시절이 있었습니다. 혼잡한 가게에서도 손님에게 따뜻한 쿠시카츠를 가져다주며 열심히 일하는 점원들의 모습에서, 한국에서 서비스직 일을 하던 제가 겹쳐 보이기도 했습니다. 저도 몇 달 전까지 저들처럼 고객에게 서비스를 제공하는 일을 했었고, 틈틈이 일본어를 공부하며 휴가 때는 일본으로 여행을 떠나곤 했습니다.

나에게 꿈을 심어준 일본으로 가다

고등학생 때부터 일본 문화에 관심을 가지기 시작했습니다. 일본 가수 킨키키즈를 좋아했는데, 그들의 노래 가사를 이해하고 싶어 중요 과목인 국·영·수를 제쳐두고(?) 일본어 공부에 몰두했습니다. 일본 쇼 프로나 드라마를 볼 때 조금씩 들리기 시작하니 자신감이 생겼습니다. 더욱 일본 문화에 빠져들게 되었습니다. 대학교에서도 일본어 수업을 항상 들었고 방학 때는 아르바이트해서 모은 돈으로 일본 여행을 떠났습니다.

대학교 졸업 후 2년 만에야 취업에 성공했습니다. 드디어 백수 생활을 청산했다는 생각에 기뻤지만, 일본어와는 전혀 관련 없는 직종이었습니다. 취업 대란 속에서 제풀에 지친 저는 원하는 직종과 꿈은 저 멀리 던져두고 회사에 출근할 수만 있다면 어떤 일을 하게 되든 최선을 다하겠다고 다짐했었습니다.

5년간 일을 하며 부모님의 만족도와 제 통장은 풍요로워졌지만, 마음속 일본어를 향한 갈증은 없어지지 않았습니다. 나를 뒤돌아볼 시간도 없이 바쁜 일상을 보내다가도 주기적으로 일본어가 떠올라 다시 책을 손에 잡고 공부하며 일본어와 관련된 일을 하는 꿈을 꾸었습니다. 갈수록 회사 생활의 고달픔을 일본어라는 꿈으로 위로받는 날이 많아졌습니다. 결국, 일본어 프리랜서 번역가가 되기 위해 퇴사를 결심했습니다.

그리고 퇴사 기념으로 일본 여행을 다녀오기로 했습니다. 여행 기간은 한 달. 그동안 짧은 휴가 때 잠깐 눈에 담은 일본을 이번에는 길게, 지긋이 이곳저곳 살펴보기로 했습니다.

이만큼 돈과 시간을 써서 일본에서 한 달을 살아보다니, 회사에 다니면서는 꿈에도 생각 못 한 일이었습니다. 제 인생의 최고의 사치였습니다. 여행에 대한 설렘으로 아주 오랜만에 가슴이 두근거렸습니다.

오사카로 떠난 이유

일본에서 한 달 살기 장소로 오사카를 선택했습니다. 지난 여행 때 눈에 담았던 오사카의 화려함, 오사카와 인접한 교토에서 철학의 길을 걸으며 사색을 즐긴 추억, 늘씬하게 뻗은 고베타워의 풍경이 머릿속에 아름다운 추억으로 남아있었기 때문입니다. 볼거리가 많아 친구가 일본에 여행 왔을 때 안내하기도 좋을 듯했습니다.

어린 시절부터 어떤 일을 시작할 때 꼼꼼하게 계획 세우기를 좋아했습니다. 시작할 때 실패할지도 모른다는 두려움 등 많은 상념으로 뒤엉킨 머릿속을 계획으로 풀어 놓으면 안심이 되었습니다. 이 습관은 일본에서 한 달 살기를 계획할 때도 반복되었습니다. 일본에 가기 전 최대한 일정을 꼼꼼하게 짜면서 여행 전의 긴장되는 마음을 씻어내려 했습니다. 매일 무엇을 할지 시간 단위로 세세하게 다 일정을 짰을 정도입니다. 많이 생각하고 고민한 시간이었습니다.

하지만 너무 열심히 계획을 짠 탓일까요? 첫날부터 비즈니스호텔에 짐을 풀고 계획한 대로 빠듯하게 움직였습니다. 방문할 여행지를 너무 자세히 조사하는 바람에 이미 다 알고 있는 장소를 온 듯한 기분이 들어 전혀 즐겁지 않았습니다. 순간, 자신이 잘 모르는 장소라도 사전 지식 없이 그냥 가보는 즉흥적인 여행이 한층 더 즐거울 수 있다는 생각이 들었습니다. 어차피 한 달이나 오사카에 있으니, 짧은 여행 때처럼 빈틈없이 계획대로 움직일 필요도 없었습니다.

좀 더 일본 문화를 경험하면서 여유롭게 여행하기로 마음먹은 저는 상황에 맞게 계획을 바꾸기도 하고, 또 가끔은 무계획으로 즉흥적인 하루를 보내면서 섬세한 감성을 풍요롭게 채워 나갔습니다.

창문을 통해 조용히 들어와 앉은 가을 햇살에 눈을 뜹니다. 아침 식사를 하러 편의점에 갑니다. 으깬 달걀만 들어가 있지만 참 고소하고 맛있는 달걀 샌드위치를 먹으며 달곰씁쓸하고 따뜻한 커피도 함께 마십니다. 한국에서 샌드위치를 먹을 때는 일상의 바쁨에 쫓겨 입으로 욱여넣었었고, 심지어 그마저도 일하면서 먹느라 맛도 제대로 즐기지 못했습니다.

소박한 아침 식사 후 유명 관광지를 찾아갑니다. 명탐정 코난 극장판《오사카 더블 미스터리 수수께끼의 성》에 나와서 꼭 가보고 싶던 오사카성, 일본의 철학자 니시다 기타로가 산책하면서 생각에 잠기곤 했다는 교토 철학의 길, 고베의 고풍스러운 분위기와 어울리는 스타벅스 기타노이진칸점 등, 제 눈에 담고 싶던 장소를 많이 돌아다녔습니다. 그러다가 점심때쯤 배가 고파지면 인터넷으로 검색해 미리 알아둔 맛집으로 다코야키, 오코노미야키, 라멘, 초밥, 우동, 소바를 먹으러 갔습니다.

책을 좋아해서 서점 '츠타야(TSUTAYA)'에도 자주 갔습니다. 최근 일본 사람들에게 사랑받는 책을 많이 읽을 수 있어 즐거웠습니다. 제가 일본에 갔을 때는 히가시노 게이고의 소설『인어가

잠든 집』이 인기였는데, 주인공 가오루코의 딸을 향한 광기에 가까운 사랑에 놀라면서 재미있게 읽었습니다. 서점 안에 마련된 자리에 한가롭게 앉아 책에 푹 빠져 읽은 즐거운 기억이 지금도 머릿속에 선명하게 남아 있습니다.

오사카에서의 하루를 어떻게 보냈는지 정리하고 다음 여행 계획을 짤 때는 노트북과 수첩 등을 챙겨 호텔 근처 카페에 자주 갔습니다. 노트북에 사진을 정리하고 글을 쓰다가 고개를 들면 바쁘게 움직이는 사람들의 모습이 눈에 들어옵니다. 오사카 사람들의 일상을 엿볼 수 있어서 재미있었습니다. 그들에게는 일상이지만, 그들의 일상을 지켜보는 저에게는 그 순간들이 모두 여행의 연장선에 있고 한없이 자유로운 시간이었습니다.

지금까지 살아오며 광고 문구로 수없이 많이 본 '커피 한 잔의 여유'를 오사카에서 마음껏 즐겼습니다. 스타벅스도 자주 갔습니다. 한국에서 스타벅스를 좋아했기에 일본 스타벅스의 분위기도 항상 궁금했습니다. 일본 스타벅스 앱을 설치하고 새로 나온 음료도 마시면서 한국과는 어떤 부분이 다른지 살펴보는 일도 재밌었습니다.

그러던 어느 날 스타벅스 각 지역의 특징을 담아 만든 '시티 텀블러'를 사기 위해 스타벅스를 갔을 때였습니다. 텀블러가 진열된 선반에 다가가자, 남자 직원이 응대하기 위해 제 옆으로 왔습니다. 궁금한 점을 물어가며 텀블러와 머그잔을 고르다가, 한국과 일본의 스타벅스에 관해서 이야기를 나누게 되었습니다.

원래 저는 해외에 있을 때, 특히 저 혼자일 때는 소심한 성격 탓에 말을 거의 하지 않습니다. 일본에서 목적지를 찾다가 길을 잃었을 때도 수줍어서 일본 사람들에게 길도 잘 못 물어볼 정도입니다. 스마트폰 지도 앱이 없으면 큰일 나는 사람입니다.

물론 일본어를 공부했기에 생활 회화도 가능합니다. 하지만 일본인들은 별로 신경도 쓰지 않을 저의 발음(?)과 제대로 안 알려주면 어떡하지라는 저의 지나친 걱정으로 입이 잘 안 떨어졌습니다. 그래서 한 달 살기 계획을 세울 때부터 짧은 말이라도 좋으니 최대한 일본인과 많이 대화하자고 다짐했습니다.

용기를 내서 사람들에게 말을 거니 친절하게 알려주는 일본인도 많았고, 그중에는 저에게 '일본어 잘하네요!'라고 오사카 사투리로 말하며 웃음 지어주는 사람도 있었습니다. 물론 일본인들이 겉치레로 일본어를 잘한다고 말한 것일 수도 있지만, 기분은 좋았습니다.

스타벅스를 방문했을 때도 직원과 최대한 이야기를 많이 나누려고 노력했습니다. 그 직원도 친절하게 대해주었고, 고마운 마음에 따로 직원에 대한 칭찬 글을 올리는 방법은 없는지 물어 보니 말이라도 고맙다며 웃어주더라고요.

숨은 맛집을 찾아 즐긴 한 끼의 식사, 뒤를 돌아보게 만드는 가을 단풍의 아름다운 풍경, 투박한 간사이 사투리를 쓰지만 기본적으로 친절하고 단정한 사람들. 이 모든 것이 녹아든 오사카는 소심한 저에게 따뜻함과 위로를 건네주었습니다.

나의 감성을 깨우는 아리마 온천

아리마 온천(有馬温泉)은 일본에서 가장 오래된 온천으로, 사람이 아직 땅을 파는 기술을 모르던 시절부터 온천물이 솟아 나올 정도로 대지의 은혜를 듬뿍 받은 곳입니다. 저는 아리마 온천에 갈 때마다 이곳의 아름다움에 흠뻑 반합니다.

기차를 타고 아리마 온천을 찾아갈 때 눈 앞에 펼쳐지는 멋진 풍경, 예쁘게 보존된 온천마을, 어느 골목인가에 들어서면 코를 찌르던 진한 유황 냄새, 온천물에 몸을 담갔을 때 느껴지는 포근함… 저의 감성을 일깨우는 소중한 순간들이었습니다.

아리마 온천은 도요토미 히데요시가 온천을 즐기던 곳으로도 유명합니다. 이곳에는 도요토미 히데요시의 본처인 네네의 동상, 빨간색이 인상적인 네네 다리 등이 있습니다. 아리마 온천으로 가는 방법은 버스와 전철 두 가지가 있습니다. 저는 한적한 풍경을 즐기면서 천천히 가고 싶었기에 전철을 타고 아리마 온천에 갔습니다만, 가는 길이 꽤 복잡합니다. 환승을 많이 해서 길도 복잡하고 2시간 정도 걸립니다. 반면에 오사카에서 버스를 이용하면 1시간 정도면 갈 수 있습니다.

아리마 온천에 가까워지면, 워낙 산속으로 들어가서일까요? 도심의 고달픈 일상에서 해방되는 기분입니다. 아리마 온천 역에 다가갈수록 주변엔 정적이 드리우고 전철 창밖으로 우거진 숲이 보입니다. 마지막 환승 전철인 분홍색 고베 전철에 몸을 싣고 그림 같은 바깥 풍경을 바라보았습니다.

일본에 오기 전 한국은 오슬오슬 추웠는데, 한 달 살기를 하는 동안 일본은 따뜻했습니다. 따스한 가을 날씨, 아리마 온천 주변은 알록달록 단풍으로 물들어 있었습니다. 아리마 온천 역에 도착한 후 완만한 오르막길을 천천히 걸어가며 주변을 구경하고, 네네 다리 밑 조용히 흐르는 온천수, 나무, 바위 등 아름다운 자연을 사진과 제 눈에 담았습니다. 아름다움과 생명력을 마음껏 보여주는 자연에 푹 빠지는 시간이었습니다.

이곳에는 유명 온천인 킨노유(金の湯), 긴노유(銀の湯)가 있습니다. 킨노유 옆에는 발을 담그는 족탕도 있는데 주말에는 사람이 너무 많아 족욕을 즐기기 힘듭니다. 다행히 평일에 방문해서 족욕도 즐길 수 있었습니다. 제 옆에 앉은 일본인 아주머니와 눈이 마주쳐 짧게 대화를 나눴습니다.

앞에서 말씀드린 대로 저는 최대한 일본인과 대화를 많이 나누려 했고, 일본인 아주머니도 제가 한국에서 왔다는 이야기에 자신은 오이타에서 왔다고 하시며, 일본의 벳푸 온천도 좋은데 가봤는지 물어오셨습니다. 덕분에 이런저런 대화를 나눌 수 있었습니다. 아주머니의 정감 어린 말투에 제 마음도 온천물에 담긴 듯 점점 따뜻해졌습니다.

아리마 온천에서는 여기저기서 온천과 볼거리가 불쑥 튀어나옵니다. 음식점도 골목 이곳저곳 많이 있는데, 저는 미슐랭 1스타인 '쿠츠로기야(くつろぎ家)'라는 솥 밥집에 갔습니다. 사람이 별로 없을 줄 알았는데, 가게 안에 들어서니 이미 많은 사람이 줄 서 있어서 1시간 정도 기다렸습니다.

오랜 기다림 끝에 드디어 자리를 안내받았습니다. 저는 도미, 연어, 산나물, 낙지가 든 쿠츠로기 솥 밥과 일본 술을 시켰습니다. 문득 일본 술의 이름이 궁금해 여자 직원에게 주문할 때

물어봤지만, 너무 빨리 말해 알아듣지 못했습니다. 궁금한 일본어는 다 알고 싶던 저는 직원이 술을 가져다줄 때 다시 한번 물어봤고, 직원은 웃으면서 친절하게 종이에 히라가나로 써주었습니다. 종이에는 '기쿠마사무네'라고 적혀있었습니다.

기쿠마사무네 주조는 효고현 고베시에 본사를 둔 술을 빚는 회사입니다. 지금은 기쿠마사무네라고 부르지만 에도시대 때는 마사무네(正宗, 정종)라는 상표를 사용했는데, 왜 이름이 바뀌었는지 정확한 이유는 아무도 모릅니다.

다만 가장 일반적으로 알려진 이야기는 에도시대 때 '마사무네'라는 상품명이 크게 인기를 끌면서 다른 술도 마사무네라고 상표를 붙이는 경우가 많았고, 결국 다른 이름을 생각하다 순간 떠오른 '기쿠(菊, 국화)'를 붙여 '기쿠마사무네'가 탄생했다는 설입니다. 이름이 지어진 정확한 과정은 확실하지 않지만, 기쿠마사무네가 일본의 역사와 더불어 오랜 시간 동안 일본인들과 함께한 사실은 틀림없어 보입니다.

기쿠마사무네는 처음 마셨을 때는 씁쓸함이 입안에 맴돌지만, 그 속의 단맛과 감칠맛이 마지막까지 남는 완벽한 일본 술이었습니다. 함께 준비된 쿠츠로기 솥 밥은 맛있는 일식 그 자체를 먹는 느낌이었습니다. 짭조름하고 간이 밴 음식이 매력인 한국

요리와는 또 다른, 담백하면서 재료의 맛을 최대한 끌어낸 일본 음식의 매력을 발견하게 해주었습니다.

한 달 살기의 끝

한 달 살기의 마지막 날, 호텔 앞 작은 선술집에 갔습니다. 손님은 세 명밖에 없었고, 혼자 일하는 젊은 남자 주인은 친절하게 메뉴를 설명해주었습니다. 메뉴가 붓글씨로 쓰여 있어서 알아보기 어려웠습니다. 튀긴 음식을 먹고 싶다고 말하니 가라아게(からあげ, 닭고기나 생선 등의 재료에 밀가루나 녹말가루를 묻혀 기름에 튀겨낸 일본 음식)가 있다고 웃으며 튀겨주었습니다.

선술집 구조는 일본 드라마 심야식당처럼 디근 형태의 바가 조리대를 둘러싸고 있었고, 주인은 조리대에서 요리하고 있었습니다. 따뜻하게 튀겨져 나온 가라아게를 한 입 베어 먹고 맥주도 마시며 생각에 잠겼습니다.

일본은 한 달 살기에 참 좋은 나라였습니다. 일본에는 혼밥족도 편하게 밥을 먹는 환경이 잘 되어 있습니다. 덕분에 일식도 풍성하게 잘 즐겼습니다. 관광지를 돌아다니며 절경도 원 없이 눈에 많이 담았습니다.

사실 일본에 가기 전, 나약한 자신과 점점 들어가는 나이(?) 탓을 하며 한 달 살기 도전이 쉽지는 않을 거라며 지레 겁먹었습니다. 하지만 한 달 살기에 성공하면서 '하고 싶은 일은 도전하면 된다. 늦지 않았다'라고 자신감을 가지게 되었습니다.

만약 누군가가 한 달 살기를 하고 싶다고 말하면 오사카를 추천하고 싶습니다. 오사카는 지친 심신을 치유하고 만족감을 채워줄 멋진 도시입니다. 절대 후회하지 않으실 겁니다.

저는 지금 한 달 살기를 또 언제 갈지 고민하고 있습니다. 다음에 가고 싶은 도시는 일본 고베입니다. 고베 한 달 살기 이야기를 언젠가 이렇게 다시 풀어놓는 날이 오기를 기대해 봅니다.

やきとりの名門
秋吉
心斎橋 南店
平日 PM 5:30~11:30
土日祝 PM 5:00~11:30
土日祝 17:00-23:30

와카야마

지금 만나러 갑니다,
와카야마

김세린

"어디선가 멀리서 북소리가 들려왔다. 아득히 먼 곳에서, 아득히 먼 시간 속에서 그 북소리가 들려왔다. 나는 왠지 긴 여행을 떠나야만 할 것 같은 생각이 들었다."

무라카미 하루키의 에세이 『먼 북소리』에 나오는 구절이다. 이 책을 처음 읽었던 10여 년 전부터 '나도 이렇게 먼 북소리를 들으며 떠나게 될까? 떠나야만 할 것 같은 기분은 어떤 것일까?' 하고 줄곧 궁금했다. 그랬던 내게, 먼 북소리가 들리는 순간이 찾아왔다. 영어 번역가로 전직을 한 후 3년 정도 지났을때였다.

평범하게 회사 생활을 하다 오랜 꿈이고 하고 싶었던 일인 영어 번역가로 전직했다. 영문과를 나오고 어학연수를 다녀오고 쭉 영어에 관련된 일을 해왔다. 회사 다니면서 짬짬이 시간을 내서 번역 일거리를 맡으며 경력을 쌓았고 통역 대학원 준비도 하며 차근차근 프리랜서 번역가가 되기 위한 커리어를 만들어 나갔다. 프리랜서 전업 번역가가 되기까지는 약 4년의 시간이 걸렸다.

조금 느려도 올곧게 뚜벅뚜벅 걸으며 찾은 내 일을 한다는 것은 뿌듯하고 만족스러운 일이었지만 일 외적으로는 스트레스와 압박감이 엄청나게 생기며 월급을 받던 시절과는 다른 고민이 찾아왔다.

일이 있을 땐 일에 치여서 바쁘고, 일이 없을 땐 다음 프로젝트를 기다리며 스트레스를 받는 불안정한 일상. '소모되어 가고 있다'라는 기분…. 앞으로 오래도록 이 일을 하기 위해서는 지금 한 번 쉬어가야 한다고, 마음속 목소리가 외쳤다.

휴식이 죄처럼 느껴지지 않는 곳, 마음껏 쉬어도 괜찮은 곳을 생각하니 자연스럽게 '와카야마'가 떠올랐다. 와카야마는 시끌벅적한 대도시 오사카에서 전차나 리무진 버스로 1시간 거리에 있는, 조용히 자연을 품은 소도시이다.

한국인들에게는 잘 알려지지 않은 와카야마를 알게 된 지도 벌써 7년이 흘렀다. 대학교 2학년 때, 한일 인적교류사업을 목적으로 국립국제교육원에서 기획한 일본 방문 연수 프로그램에 참여하며 인연을 맺었다. 프로그램은 전국에 있는 약 70여 개 대학교에서 1명씩 대표로 뽑힌 대학생이 도쿄, 오사카, 교토, 와카야마를 방문해서 세미나를 듣거나 일본 전통문화 체험 등 문화 교류를 하는 일정으로 구성되어 있었다.

와카야마에서는 홈스테이 호스트 가정에서 현지 문화를 경험하는 시간이 주어졌다. 그때 맺은 인연이 지금까지 편지로, 이메일로 이어져, 내게 와카야마는 관광이나 일보다는 사람을 먼저 떠올리게 하는 따뜻한 곳이다. 2010년 당시에는 2박 3일 정도의 짧은 일정이었는데 이번(2019년)에 7년 만에 혼자 다시 홈스테이했던 집에서 한 달 살기를 경험했다.

'와카야마에 갈 거야'라고 하니 '어디에 있는 곳이야?'로 시작해서 다들 놀라는 반응이었지만, 나에게는 너무나 자연스러운 결정이었다. 마음속 고향 같은 그곳에서 오랜만에 그리운 사람들을 만나 추억의 한 페이지를 넘기고 싶었다.

와카야마에서 평생을 살고 있는 홈스테이 가족들의 따뜻한 환대 덕분에 여행 전에 와카야마에 대한 정보를 많이 몰라도 불안하지 않았다. 짧게 여행을 가도 캐리어 2개, 여행지에 관한 정보는 짧게는 일주일 길게는 한 달 내내 찾아보는 성격이기에 이렇게 준비 없이 떠나는 일상 같은 여행이 처음에는 너무 낯설었다. 하지만 도와주는 사람이 있고, 궁금한 점은 언제나 물어볼 수 있는 사람이 있기에 큰 위안으로 다가왔다.

예전에 자세히 둘러보지 못했던 와카야마의 이곳저곳을 발걸음 닿는 대로 구석구석 가보고 싶었다. 와카야마에서는 일본 드라마나 영화에 나오는 소박한 일상을 실제로 경험할 수 있다.

일본풍의 조그만 단독 주택이 오밀조밀 모여 있는 골목 사이로 전차가 지나다니고, 산책하다 우연히 마주친 이웃집 할머

니에게서 갓 수확한 채소와 과일을 받을 수 있는 곳. 오후 6시 즈음이면 집마다 쇼유(しょうゆ, 일본식 간장) 냄새가 풍기는 작지만 정겨운 도시 와카야마.

기온이 따뜻해서 과일과 채소가 맛있기로도 유명하다. 현지에서 재배한 과일과 채소를 와카야마의 마트에서 흔하게 볼 수 있다. 세계문화유산으로 지정된 신비로운 기운이 깃든 고야산 근처에 가면 고야산에서 수확한 채소를 파는 가게도 있다.

도쿄나 오사카의 화려함만 보다가 와카야마에 가면 '일본에도 이런 곳이 있었어?'라는 생각이 들지도 모른다. 와카야마 교외에 있는 집 이 층 다다미방에서 생활하며 거실에 놓인 이케바나(일본식 꽃꽂이)를 매일 보고, 홈스테이 가족의 안내로 가정에서 약식 다도 체험을 하며 생활 속에 들어와 있는 일본의 전통문화를 경험할 수 있었다. 평화로운 소도시에서의 슬로우 라이프를 꿈꾼다면 와카야마가 제격이다.

와카야마 성을 즐기는 두 가지 방법

와카야마역에 도착해서 15분쯤만 걸으면 와카야마에서 가장 유명한 문화유적지인 '와카야마 성'을 만날 수 있다. 이 성은 도요토미 히데요시가 기슈 지역을 평정한 후 동생 도요토미 히데나가가 세웠고 현재는 중요문화재로 지정된 유서 깊은 곳이다. 와카야마 성과 함께 일본식 정원의 진수를 보여주는 '모미지다니 정원'도 있어서, 와카야마 성은 벚꽃 철이 되면 그 유명세가 더욱 높아진다.

내가 갔을 때는 봄의 시작을 알리는 벚나무에 이제 막 꽃봉오리가 맺히고 있었다. 아직은 쌀쌀한 날씨였는데도 점심시간이 되면 사람들이 여럿 모여서 즐거운 시간을 보내고 있었다. 와카야마 성은 시내 한복판에 자리하고 있어서 누구든 쉽고 편하게 찾을 수 있다. 문화유적지라고 해서 특별히 시간 내서 방문해야 하는 어렵고 먼 곳이 아니었다. 시민의 휴식처로, 쉼터로 자리 잡아 일상에 스며들어 있었다.

와카야마 성을 즐기는 방법은 크게 두 가지다. 하나는 성에 오르는 것. 높이가 조금 있긴 하지만 누구에게나 가능하다. 다른 하나는 여행객들에게는 잘 알려지지 않지만, 현지인이 와카야마 성을 즐기는 방법이다. 바로 와카야마 시청에 가면 된다.

와카야마 시청의 최상층에는 벽면이 통유리창인, 탁월한 전망을 자랑하는 뷔페 레스토랑 '14층 농원'이 있다. 현지인과 시청 직원이 주로 이용해서 가격도 만오천 원 정도로 크게 비싸지 않다. 음식 맛을 더해주는 와카야마성과 모미지다니 정원을 바라보며 일식, 한식, 중식, 양식까지 다양하게 갖춰진 뷔페를 즐겨보자. 와카야마 시청의 역할은 여기서 끝나지 않는다.

일본 생활에 활력을 주는 원데이클래스

한 달 살기는 일상과 여행 그 중간 어딘가에 있는 것 같다. 여행자처럼 주변에 있는 모든 것이 새롭고 신기하다. 처음에는 낯설게만 느껴지는 근처 지리를 익히고, 생필품을 사다 보니 시간이 훌쩍 지나갔다.

하지만 아무리 낯선 곳이어도 시간이 흐르면 그곳에서의 생활도 곧 일상이 된다. 관광지도 가보고 현지인들만 간다는 숨은 맛집을 가보아도 처음 한 달 살기를 꿈꾸었을 때처럼 진정한 일본 문화를 즐길 수 있을 만한 교류의 기회가 찾아오지 않았다.

이럴 때 일상이 되어버린 일본 생활을 더 풍성하게 즐기는 한 가지 방법으로 '원데이 클래스(일일 강좌)'를 추천한다. 와카야마에는 명물인 제철 과일 따기를 비롯한 농장 체험과 도예 클래스, 한국어 교실, 요리 수업, 일본 전통 요리 체험(매실 절임 만들기까지!)을 할 수 있는 프로그램이 있다. 공식 사이트에는 다양한 프로그램 안내와 함께 한국어 사이트도 있으니 더욱 이용하기 편리하다. 이외에도 동네 작은 카페에서 매주 한 번씩 여는 양초 만들기 수업도 있다.

나는 홈스테이로 인연을 맺은 콘도 쿠미코 상의 소개로 와카야마 시청에서 매주 목요일에 열리는 한국어 클래스를 방문했다. 클래스에 참석하는 사람들이 한국에 관심이 많아서 요즘 한국은 어떤지, 와카야마에는 왜 오게 되었는지 등에 관해서 한국어로 이야기를 나누고 싶다고 하셔서 초대받아 가게 되었다.

와카야마 시청에서 열리는 한국어 클래스는 시청 국제교류과에 근무하는 한국인 직원이 주관하는 강의로 한국어에 관심 많은 일본인이 직접 한국어로 일기도 써오고 대화도 하는 등, 굉장히 열의가 넘쳤다. 내가 갔던 날은 '귀신 씨나락 까먹는 소리 하네' '비행기 태우지 마세요'라는 엄청난 한국어 고급 표현을 공부하고 있었다. 클래스에 참여하기 위해서는 시청 국제교류과에 문의하거나 지역 신문을 참고하는 방법이 있다. 그날 참여하신 분들에게도 해당 클래스를 알게 된 경로를 물었더니 지역 신문을 보거나 지인 소개로 왔다고 했다.

외국 생활을 하면 마트가 어디에 있는지부터 시작해서, 어떤 조미료를 사야 하는지, 어떤 음식 재료를 사야 하는지에 대해서 처음에는 아무것도 모른다. 나는 콩나물을 좋아하는데 일본에서는 콩나물을 구하기 어려워서 대신 숙주를 사곤 했다.

처음에는 주로 외식을 했다. 하지만 시간이 지나면서 외식도 한두 번이지, 라는 생각이 들었다. 어떨 때는 음식을 사 먹으며 너무 짜거나 달아서 차라리 집에서 해 먹는 게 낫겠다! 라는 생각도 들었다. 물론 지갑이 넉넉하지 않기도 했다.

여행으로 왔을 때는 드러그 스토어(Drugstore, 약국의 한 형태인 소매점), 편의점이 전부인 줄 알았는데 생활하는 사람의 시선으로 바라보니 저렴한 가격과 식재료의 신선함을 위해서는 마트 방문이 꼭 필요했다.

내 경험을 바탕으로 와카야마에서 생활할 때 방문하면 좋은 일본 마트를 세 곳을 소개한다. 일본 마트는 야채나 생선을 소량으로도 팔아서, 혼자 음식을 해 먹는 사람도 이용하기에 편하다. 마늘 한 개, 생선 한 조각도 소포장해서 판매한다.

○ 오쿠와

오쿠와의 첫인상은 세련된 느낌이다. 상품의 진열과 조명까지 고급스러운 느낌이 가득하다. 공간도 널찍해서 부딪히지 않고 편하게 다닐 수 있다. 마트라면 당연히 북적거린다고 생각했는데 구글 리뷰를 보니 일본인들도 의외로 부딪히지 않고 다닐 수 있는 여유로움에 높은 점수를 주고 있었다.

에버그린이나 히다카야에 비하면 가격대가 좀 있어도 생선이 아주 신선하다. 일본식 아침 식사에서 빼놓을 수 없는 연어도 낱개 포장해서 구이용으로 판다. 일본 전통 반찬, 도시락, 생선회 등도 소량 포장되어 있어 저녁으로 사 먹기에 좋다. 오쿠와에서는 당도가 중요한 과일과 신선한 회를 주로 사는 것을 추천한다.

○ 에버그린

와카야마에서 흔하게 볼 수 있는 슈퍼 체인 중 하나다. 편의점이 많지 않은 와카야마 외곽에서 장을 볼 때 많이 이용한다. 대신 이곳에서는 일부 지점을 제외하고는 채소와 생선 같은 신선 제품을 팔지 않는다. 에버그린 안에는 드러그 스토어도 함께 있어서 약, 화장품 등을 한 번에 살 때 편하다. 시내의 드러그 스토어와 비교해서 가격이 비슷하거나 오히려 조금 저렴하다. 근처에 에버그린이 보인다면 기념품은 이곳에서 사자.

○ 히다카야

와카야마에서 일본 주부들은 히다카야를 자주 방문한다. 신선 제품과 공산품을 한 번에 살 수 있기에 편리하다. 채소와 생선이 굉장히 저렴하다. 너무 저렴해서 품질이 떨어질까 걱정될 수도 있지만, 오히려 주부들이 자주 이용하는 만큼 회전이 빨라서 신선하다. 히다카야에서도 오쿠와처럼 반찬, 튀김, 생선회, 덮밥, 샐러드 등 바로 먹을 수 있는 음식을 판매한다. 세 곳 중 가격이 가장 저렴하고 맛도 떨어지지도 않는다. 튀김은 집에서 하기 번거로워서 마트에서 장 볼 때 종류별로 사서 저녁에 데워서 먹는 집도 많다.

돌아가기 위해 떠났습니다

와카야마성, 고야산을 제외하면 유명 관광지가 없어서 심심할지 모른다는 생각도 했다. 하지만 와카야마에서 머문 한 달은 더없이 고요하고 평화로웠다. 출퇴근의 혼잡한 시간이 지난, 따뜻한 햇살이 내리쬐는 거리를 지도도 없이 발길이 닿는 대로 타박타박 걸을 수 있는 여유가 좋았다.

와카야마에서의 한 달은 여행자와 생활인의 경계에 있는 사람만이 누릴 수 있는 조용한 여유로 가득 찬 호사스러운 여행이자 일상이었다.

떠나와 보니 알 수 있었다. 나를 옭아맸던 건 프로젝트가 끝나면 언제 다시 들어올지 기약 없는 번역 일감에 대한 걱정이 아니었다. 내게 부족했던 건 인생에서 쉼표를 만들 용기였다.

한국을 떠나면서 일정 때문에 어쩔 수 없이 일을 거절하면, 다시 일감을 수주할 수 없게 되거나 프로젝트에서 밀려나게 될지도 모른다고 생각했다. 하지만 실제로는 그렇지도 않았다.

오히려 내가 소멸되고 있다는 느낌으로 보낸 일상과 조금 거리를 둘 수 있었다. 이 일을 오래 하기 위해서는 어떤 마음가짐을 가져야 할지를 속삭이는 마음의 소리에도 더욱더 귀 기울일 수 있었다.

와카야마를 다녀오고 나는 조금 달라졌다. 일을 열심히는 하되, 내가 어찌할 수 없는 부분까지 신경 쓰면서 속앓이하던 버릇을 조금씩 내려놓기 시작했다. 봄이 되면 꽃이 피고, 여름이 되면 더위가 찾아옴이 순리라는, 자연스러운 시간의 흐름을 와카야마에서 배웠다. 마음속 고향인 와카야마를 가슴에 품고 다시 갈 수 있는 날을 기다려본다.

그리고 지금은 오랫동안 간직해온 꿈인, 작은 카페 오픈을 준비하고 있다. 프리랜서 직업을 가진 사람들에게 편안한 작업 공간이 되기를, 숨 가쁘게 바쁜 일상 속에서 졸졸 흐르는 물소리, 지저귀는 새소리를 들을 수 있는, 잠시 쉬어갈 수 있는 휴식 공간이기를 바란다. 조명 하나, 테이블 하나, 의자 하나에 진심을 담고 있다. 나도 내가 만든 이 공간에서 좋아하는 글을 계속 쓰고 싶다. 와카야마에서 보낸 시간이 없었다면 엄두도 내지 못했을 일이다.

작가 빌 브라이슨은 '여행은 돌아가기 위해 떠나는 것'이라고 말했다. 잘 돌아오기 위해서 떠났던 한 달의 시간. 이를 깨달았더니 떠나기 전 어디선가 들려오던 먼 북소리가 아득한 시공간 속으로 사라져갔다.

西ノ庄駅
7195

도쿄

따끈따끈 도쿄 한 달 이야기

유승아

작년 도쿄 여행 때였다. 아이돌 문화에 관심이 많아서 너무 가보고 싶었던 타워레코드(일본 대형 레코드숍)에 갔다. 총 9층으로 구성된 타워레코드 시부야 점은 내게 신선한 충격이었다.

층마다 취급하는 음악 장르가 나눠어 있었고 한 건물 전체가 타워레코드 점포라는 사실도 놀라웠다. 워킹홀리데이를 시작하면 반드시 타워레코드에서 일하리라 다짐했다.

그리고 올해(2019년) 4월, 일본에서 워킹홀리데이를 시작했다. 일본 생활 한 달이 다 되어갈 때쯤, 5살짜리 어린 아이 같은 내 일본어 실력으로 과연 할 수 있을까 반신반의하며 타워레코드 아르바이트에 지원했다.

며칠 뒤, 면접을 보러 오라는 전화를 받았다. 그 면접은 대기업과 맞먹는 심층 면접으로 나 혼자가 아닌 일본인 2명과 함께 보는 1시간가량의 면접이었다. 면접 보는 내내 정말 심장이 터지는 줄 알았다. 면접을 마치고 '현지인 사이에서 이 정도면 잘했다 승아야, 후회하지 않아.'라며 나를 달랬고, 며칠 동안 합격 전화가 오길 기다렸다.

그리고 결과는… 합격. 내가 합격이라니!

내 일본 생활은 통통 튀는 탱탱볼처럼 어디로 튈지 모르는 이야기들로 가득할 것 같다. 이제 어쩌지! 너무 행복한데, 앞으로의 일본 생활도 잘할 수 있겠지?

좋아함으로 시작되는 것

학창시절, 공부 안 하고 놀기만 좋아했다. 나쁘게 노는 게 아니라 순수하게 컴퓨터 게임에 빠져 PC방에 가는, 그리고 집에서 TV 보기를 좋아하는 단순한 학생이었다. 학교가 끝나면 집에 가자마자 TV를 틀었는데, 그때마다 방송하던 애니메이션 《도라에몽》이 일본과 나와 이어주는 연결고리가 될 줄이야….

처음에는 '이게 대체 뭔데?'라는 마음으로 보다가 흔히 말하는 '도라에몽 덕후'가 되었다. 자연스레 도라에몽이 탄생한 나라인 일본에 관심을 가지게 되었다. 그리고 성인이 되어 일본어를 배우기 시작했다.

일본에 가기로 하다

공부 안 하던 내가 좋아하는 일 딱 두 가지가 있는데 사진

찍기와 도라에몽이다. 사진을 무척 좋아해서 덕분에 대학까지 갈 수 있었다. 대학에 가니 중학교 때부터 기초 영어 공부를 하지 않은 탓에 공부 따라가기가 힘들었다. 사진 용어가 대부분 영어인데 기초 단어 하나 모르니 답답할 뿐이었고, 영어 공부를 여러 번 시도해도 흥미가 없으니 잘되지 않았다.

그래도 인생 살면서 언어 한 개쯤은 현지인처럼 말할 수 있어야 하는 게 아닌가? 라는 생각에 좋아하는 도라에몽의 나라 일본, 그 나라의 언어인 일본어를 목표로 삼았다.

한국에서 언어 공부를 열심히 해도 회화에는 한계가 있다고 생각한다. 내 일본어 공부의 목표는 현지인처럼 말하기인데 말이 늘지 않아서 고민하다가 '일본으로 떠나야겠다'라는 생각이 들었고 준비 과정을 거쳐 일본 워킹홀리데이를 가게 되었다.

언어라는 벽의 두께

서울에서 살아본 적도 없는 내가 일본의 수도 도쿄에서 홀로서기를 시작하게 되었다. 혼자 있는걸 좋아해서 '일본에 간다면 꼭 원룸에서 혼자 살 거야!'라는 다짐을 하고 집을 알아보았는데, 아니 웬걸 도쿄의 집값이 이렇게나 비싸다니! 한 달을 찾아보다 결국은 셰어하우스에서 살기로 했다. 방은 혼자 사용하고 거실이 없어서 최대한 혼자만의 시간을 가질 수 있는 곳으로 정했다.

아무리 한국에서 일본어 공부를 1년 정도 했다지만 실전 일본어는 많이 달랐다. 일본으로 워킹홀리데이를 간다고 주변 사람들에게 이야기하면 "그럼 일본어 잘하겠네!"라는 말을 많이 들었지만 막상 실제로 경험하니 만만하지 않았다.

처음 가는 가게에 들어가기 전, 너무 긴장한 나머지 밖에서 몇 바퀴를 돌다 들어가기도 했다. 주문하기 전 녹음기를 켜서 기록하고, 집에 돌아와선 녹음한 음성을 반복해서 들으며 단어도 하나씩 알아갔다. 사람은 생존하기 위해 어떻게든 노력하게 된다는 사실을 핸드폰에 저장된 녹음기록들을 보며 생각하게 된다.

외출이 바로 여행

단순한 성격이라 다행일까? 도쿄 도착 3일 만에 금방 일본 생활에 적응했다(고 생각한다. 언어는 아직이지만…). 가장 좋은 점은 집을 나서는 순간, 내가 서 있는 이 길이 여행길이 된다는 것이다. 핸드폰으로 '도쿄 여행 코스'를 검색하고 가고 싶은 곳을 골라서 아무 때나 여행 갈 수 있는 지금이 얼마나 행복한지!

오늘 못 본 장소가 있다면 내일 다시 가서 보면 되고, 이번 주에 못 먹은 음식이 있다면 다음 주에 먹으면 된다. 여유로움 즐기기를 좋아하는 나는 하루에 한 장소만 정해서 지하철을 타고 간다. 이곳 도쿄에서 매주 여행과 식도락을 위해 분주히 발걸음을 옮기고 있다. 비록 한 달간이지만 기억에 남는 장소와 맛집을 소개해 보겠다.

○ 아카바네바시역(赤羽橋駅)의 시바공원(芝公園)

주소 東京都港区芝公園4丁目10-17

'도쿄 하면 무엇이 떠오르나요?'라는 질문을 받으면 반짝이는 도쿄 도심의 야경과 빨간색으로 빛나는 도쿄타워가 떠오른다. 예전에 여행으로 왔을 때 도쿄타워를 멀리서 딱 한 번 본 적이 있는데, 이번에 다시 제대로 보고 싶어졌다. 시바공원(芝公園)에서 도쿄타워를 운치 있게 볼 수 있다는 정보를 알게 되었고,

일부러 해가 쨍쨍한 날을 골라서 지하철을 타고 아카바네바시역으로 향했다.

가까이서 본 도쿄타워가 이렇게 클 줄이야! 도로 옆에 우두커니 서 있는 도쿄타워를 보며 감탄했다. 시바공원 후문으로 들어가니 더욱더 예쁜 모습이 눈앞에 펼쳐졌다.

많은 사람이 잔디에 돗자리를 펴고 누워 있거나, 책을 읽거나, 사진을 찍고 있는 평화로운 모습. 나도 앉아있고 싶었지만, 혼자였기에 조심스레 사진만 찍었다. 조금 더 기다려서 야경까지 보고 나니 그렇게 행복할 수가 없다. 여행자가 아닌, 이곳에서 생활하고 있기에 시간에 쫓기지 않고 여유롭게 이런 낭만을 즐길 수 있다는 사실에 행복했다.

○ 기치조지(吉祥寺)의 타마야(たまや) (꼬치구이 전문점)

주소 東京都武蔵野市吉祥寺本町 1 丁目34-2

일본 현지인들이 살고 싶은 동네 1위라고 손꼽는 기치조지. 아기자기한 상점가로도 유명하지만 맛있는 가게도 많이 있다.

낮에는 런치 메뉴로 '야키토리(焼き鳥, 닭고기나 가축 내장을 한입 크기로 잘라 꼬치에 꿰어 숯불에 가볍게 구운 후 소금을 뿌리거나 간장 소스를 발라 다시 구운 요리) 도시락'이나 '토리텐동(鶏天丼, 닭

튀김 덮밥)'을 파는 식당이고, 밤에는 꼬치와 맥주를 파는 이자카야로 변한다. 기치조지역에서 도보 5분 정도 걸리는 가까운 위치에 있다. 낮에 방문해서 야키토리 도시락을 주문했는데, 음식도 정갈하고 아주 마음에 들었다. 점원들도 친절했고, 무엇보다 가게가 레스토랑 같은 분위기인데 꼬치구이 전문점이라는 점이 굉장히 놀라웠다.

밥 위에 야키토리와 완자, 구운 파가 올라가는데 내 앞으로 예쁜 한 상이 내어지니 기분이 참 좋았다. 게다가 후식으로 과일도 함께 나오고 식사를 마친 후에는 따뜻한 호지차까지 나온다. 한 달 동안 이곳저곳 다녀 본 식당 중 가장 기억에 남는다. 무엇보다 주방이 오픈되어 있어 음식 준비하는 모습을 살짝 엿보는 재미도 있다.

○ 코엔지역(高円寺)의 나나츠모리(七つ森) (킷사텐, 식사와 카페)

주소 東京都杉並区高円寺南 2 丁目20-20

'일본 빈티지의 성지'라 불리는 코엔지. 사실 빈티지는 구경만 하고, 사본 적은 없지만 이곳에 오니 지갑을 열게 된다. 흔하지 않은 디자인에 여기서 사지 않고 지나가 버리면 다른 곳에서 구할 수 없을 것 같다. 옷부터 접시나 컵까지 판매하는 빈티지

숍이 가득한데, 결국 구경하다가 예쁜 컵 하나를 샀다.

코엔지역은 볼거리가 가득하다. 정신없이 구경하고 나면 딱 배가 고플 시간이 되는데, 그때 저녁을 먹기 위해 들어간 '나나츠모리'를 소개하고 싶다.

40년 전통의 카페 겸 식당 나나츠모리. 이날 코엔지를 한껏 구경하고 갑자기 오므라이스가 먹고 싶어서 들어갔는데 일반적인 오므라이스가 아니어서 더 특별했다. 게다가 '킷사텐'이라고 불리는 일본풍 카페여서 내부가 옛날 영화에 나올 법한 느낌이다. 그 독특한 분위기에 또다시 방문하고 싶어진다. 모든 자리가 흡연 가능이어서 담배 냄새를 싫어하는 사람이라면 피하는 게 좋지만, 나는 오히려 그런 분위기가 마음에 들었다.

'오무고항(オムごはん)' 이라는 이름의 일본풍 오므라이스를 주문해서 먹었다. 특별해 보이지 않는 평범한 모습에 과연 맛있을까? 하고 한 입 떠먹는 순간, 짜지도 않고 알맞은 간에 부드러운 계란까지 너무 맛있었다. 특히나 간이 잘 배어있던 팽이버섯의 식감을 잊을 수가 없다.

나나츠모리에서 식사하는 동안 가게 안을 흐르던 음악도 너무 분위기 있고 좋았다. 분위기에 취해 블루베리 리얼 치즈케이크도 후식으로 주문해 먹으며 가게의 레트로한(복고풍의) 정취를 한껏 느꼈다.

현지에서는 맛집으로 알려져 있는데 여행객은 전혀 보이지 않았다. 일본어로 가득한 가게에서 호젓하고 기분 좋은 시간을 보냈다. 밤늦게까지 가게에 있었지만 일본에서 돌아갈 집이 있으니 걱정 없었다. 여행으로 왔다면 느끼지 못할 여유로움을 만끽했다. 이런 순간, 내가 정말 일본에 있음을 느낀다. 이 멋진 가게를 더 잊을 수 없는 이유다.

편의점보다 마트에 자주 간다. 내가 사는 동네에는 '라이프'라는 큰 마트가 있는데, 지하철역에서 나오면 바로 보여서 집에 가는 길에 항상 마트에 들린다.

○ 생수가 무제한

집에 갈 때 마트에 항상 들리는 이유 중 하나는 생수를 사기 위해서다. 물을 하루에 2ℓ 정도로 많이 마시는데 생수에 들어가는 고정 지출 비용이 아까웠다. 그런 와중에 일본 마트에 '물 제공 시스템'이 있다는 것을 알았다. 라이프뿐 아니라 사밋토, 마루에츠, 이온몰 등의 일본 마트 내에서 판매하는 지정 보틀을 사면 해당 마트에서 식수를 얼마든지 무제한으로 떠갈 수 있다!

3.8ℓ 빈 보틀이 432엔이었는데, 이 보틀만 있으면 마트에 있는 생수 제공 전용 기계에서 얼마든지 물을 떠다 마실 수 있다. 보틀을 들고 물을 뜨러 마트에 다녀와야 하는 귀찮음이 있지만, 외출할 때 간단하게 보틀을 챙겨 털레털레 다녀오면 산책도 되고 좋다.

○ 다양한 즉석 튀김 코너

일본 마트에는 튀김이나 야키토리 등 직접 마트에서 만들어 파는 식품이 다양하게 판매되고 있다. 특히 도시락이나 오니기리 등의 간편식 코너가 마트 한쪽에 크게 마련되어있는데 처음에 보고 굉장히 신기했다. 각양각색의 다양한 종류에 맛도 질도 마트에서 판매되는 식품치고는 너무나 뛰어나서 꽤 자주 사 먹었다.

항상 저녁에 집에 돌아가며 마트에 들려서 30% 할인 딱지가 붙은 식품을 사곤 한다. 아직 일본에서 일하고 있지 않기에 돈을 너무 많이 쓴 날엔 그 할인 딱지가 얼마나 반갑고 좋은지! 냉큼 사서 홀로 캔맥주와 함께 하루를 마무리하곤 한다.

○ 양복 입고 마트?

평일 저녁에 장을 보러 가면, 한국과 다른 풍경이 있다. 양복을 입은 채로 퇴근길에 마트를 들리는 사람들의 모습이다. 처음에는 내 장바구니만 채우느라 별 신경을 안 썼는데, 일본 생활에 적응하고 마트를 둘러보니 양복이나 치마 정장에 구두를 신은 사람들이 혼자 장을 보는 모습이 많이 보였다. 혼자 와서 조용히 물건을 고르는 광경이 매우 흥미로웠다. 내가 일본에서 생활하느라 한국 마트의 풍경을 잊어버린 것인가? 하고 생각했지만, 한국에서 양복이나 정장을 입고 혼자 장 보는 사람을 본 일은 드물다. 일본은 식당에서 혼밥(혼자 밥 먹기)이 아주 자연스러운데 1인 가구가 우리보다 더 많은 걸까? 이 나라는 알면 알수록 재미있고, 더 많이 알고 싶어진다.

매너의 기본

이곳에 와서 하루에 한 번은 꼭 낯선 사람에게 'すみません(스미마셍)'이라는 말을 듣는다. 처음에는 '내가 너무 길을 막고 있었나?'라는 생각을 했지만, 한 달 동안 생활해보니 이건 일본에서의 가장 기본적인 매너라는 사실을 알게 되었다.

좁은 길에서 '잠시만요'라고 말하고 지나가는 건 우리나라도 당연한 매너지만 길이 충분히 널찍한데도 불구하고 눈인사를 하고 지나가거나, 스쳐 지나가는 듯이 만 걸어가도 스미마셍이라는 말을 한다. 이제 나도 스미마셍을 장착하고 일본식 매너로 생활하고 있다.

지하철에서도 일본 사람들의 귀여운 매너를 볼 수 있다. 배낭을 멘 사람들이 지키는 예절인데, 지하철에 탑승할 때 등에 메고 있던 배낭을 앞으로 바꿔 멘다. 나도 처음 일본에 와서 이것저것 살 것이 많아 배낭을 항상 메고 다녔는데, 이런 예절을 몰랐을 때는 그냥 등에 메고 타거나 바닥에 내려놨었다.

그런데 문득 주변을 둘러보니 배낭을 다 앞으로 메고 있는 것이 아닌가! 한국에서 버스나 지하철을 탈 때 다른 사람이 멘 배낭으로 힘든 기억이 참 많았는데, 여기서 전부 앞으로 메고 있는 모습을 보니 우리나라도 이런 캠페인이라도 했으면 좋겠다는 생각이 들었다. 배낭은 무조건 앞으로 메주세요!

에필로그

나는 2019년 4월 22일에 일본에 왔다. 정말 딱 한 달을 생활하고 쓰는 글이기에 따끈따끈하게 갓 구워 나온 빵 같다고 생각한다. 일본이라는 나라를 충분히 경험하기에 한 달은 조금 아쉬운 기간이다. 다행히 나에게는 일본에서의 생활이 아직 11개월이나 남아있다! 그렇기에 지금 이 순간 행복하다.

일본에서의 1년은 뜻깊고 두 번 다시 경험할 수 없는 소중한 기억으로 남을 것이다. 낯선 장소에서의 생활은 미처 몰랐던 자신의 모습을 일깨워주기도 한다. 앞으로 일본에서 생활하며 어떤 경험을 하게 될지 모르지만, 지난 한 달 동안도 좋은 추억과 기억이 가득했기에 더 좋은 나날들이 기다리고 있을 것 같다. 도피성(?)으로 온 일본 워킹홀리데이지만 이곳 일본에서 좋은 경험을 하며 미처 찾지 못했던 나의 꿈과 만날 수 있으리라는 부푼 기대를 해본다.

워킹홀리데이가 끝나는 11개월 뒤, 누군가가 나에게 '다시 일본에서 생활할래?'라고 묻는다면 나는 아마도 '네!'라고 대답하지 않을까?

ハンバーグ
やさいカレー
キーマカレー
バタートースト
お知らせ
レバー串(タレ)
海老天

止まれ

도쿄

어른과 아이가 즐길 수 있는 그 곳,
니시카사이

이미진

어린 시절, 그림 그리기를 좋아했다. 초등학교 때는 부모님이 맞벌이로 일을 하셔서 자연스럽게 혼자 있는 시간에는 그림을 그렸다. 미미인형의 옷도 만들곤 했는데, 겨울이 되면 인형들이 추울 것 같아서 털실로 코트와 털모자를 떠서 입히기도 했다.

옷을 좋아했고, 그림 그리기를 좋아해서 패션 텍스타일 디자인을 전공했다. 첫 직장으로 자동차 관련 텍스타일 회사에서 일하게 되었다. 디자이너로 보내는 하루하루는 정신없이 바빴다. 즐겁게 일했지만, 언제부턴가 자동차 디자인에 대한 전문적인 지식을 쌓고 싶어졌다.

우연히 2005년 도쿄 모터쇼를 보러 일본으로 출장을 가게 되었다. 모터쇼를 보고 호텔로 돌아오는 길, 지하철역 입구에 있는 자동차 디자인 학교 광고를 보고 일본 유학을 결심하게 되었다. 자동차 디자인 학교는 도쿄 외곽의 '니시카사이'라는 곳에 있었다.

먼저, 일본어다

디자인학교에 입학하기 위해서는 일본어 실력이 필요했다.

중학교 때 본 일본 순정만화와 지브리 애니메이션으로 배운 회화만으로는 한참 부족했다. 먼저, 일본어 공부를 해야 했다.

'동경어학원'이라는 일본어학원이 니시카사이에 있었다. 회사를 퇴사하고 한국에서 6개월 동안 일본어 학원에 다녔지만 히라가나와 가타카나도 다 외우지 못했다. 그런데 일본에 도착한 주말 이틀 동안 모두 외워버렸다. 역시 언어는 생존 언어로 배워야 한다. 처음에는 왕초보 일본어 실력이었지만 목표가 확실해서인지 습득 속도는 아주 빨랐다. 9개월 동안 일본어 공부를 열심히 해서 정규 디자인학교에 입학할 수 있었다.

예술을 가르치는 학교라서인지 입학식이 아주 독특했다. 빨강, 노랑, 파랑색으로 머리를 염색한 교수님들이 직접 일렉트로닉 기타와 드럼을 치면서 노래를 부르는 모습이 놀라웠다. 영화학과 학생들과 교수님들의 짧은 단막극도 볼 수 있었다. 당시 일본어 실력이 부족해서 전부 알아들 수 없는 점이 아쉬웠다. 입학식이 아니라 콘서트와 영화의 한 장면을 본 것 같았다. 예술학교에서만 볼 수 있는 입학식 풍경이었다.

자동차디자인과의 수업 강도는 매우 높았다. 직업전문학교의 장점이라면 현직 교수들이 강의를 하므로 실전처럼 수업이 진행된다. 저녁 6시 이후에 수업이 시작되어 밤 9시가 넘어서 끝난 적도 많았다. 토요일에도 아침 일찍부터 수업이 시작되고, 오후 5시가 되어서 수업이 끝났다. 수업이 없는 날에는 과제를 해야만 했다. 디자인 관련 수업은 아침 9시부터 시작되지만, 외국인을 위한 일본어 수업은 아침 8시부터였다. 정신없이 바쁜 하루하루였다. 학년이 올라가면 발표와 테스트, 인턴십 프로그램에 참여 등이 있다. 나 역시 닛산(NISSAN) 인턴십에 선발되어 프로 디자이너에게 직접 스케치를 배웠다.

수업이 끝나면 과외 아르바이트를 하기위해 니시카사이 지역 곳곳을 자전거를 타고 달렸다. 일본에 갔던 2006년부터 2011년까지 영어와 미술을 아이들에게 가르쳤다. 장래희망이 디자이너였던 아이들과 미술 전시회도 같이 가고, 야구경기도 함께 관람했다.

남편도 과외를 하던 집의 소개로 만나게 되었다. 남편은 일본에서 IT 관련 일을 하고 있었다. 회사에서 마련해 준 숙소가 우리 학교 앞에 있는 맨션이었다. 입학식 날 소개를 받아 3년을 사귀고 2010년에 일본에서 결혼했다.

졸업 후 일본에서 취업하기 위해서 많이 노력했지만 2011년 3월 11일에 난 동일본 대지진을 계기로 한국으로 귀국하게 되었다. 지금 생각해도 많은 아쉬움이 남는다.

26살부터 시작한 유학 생활은 힘들었지만 남편과 학교 친구들, 과외 수업을 받던 아이들이 있어 많은 위로를 받았다. 그들과 함께 추억을 쌓았던 니시카사이를 소개하고 싶다.

하루하루가 축제 같은 디즈니랜드

디즈니랜드는 집에서 자전거로 30분이면 갈 수 있는 거리로 한국에서 초등학생 조카가 놀러 왔을 때도 자전거를 타고 놀러 갔다. 밤마다 쏘는 형형색색의 불꽃놀이를 보고 있으면 하루하루가 즐거운 축제 같았다.

디즈니 캐릭터를 보는 것만으로도 즐거움이 느껴지는 곳. 막대 아이스크림도 미키마우스 모양으로 디즈니랜드에서만 볼 수 있는 물건들이 가득하다. 유난히 디즈니랜드에서는 디즈니 캐릭터를 이용한 머리 장신구 등으로 멋을 낸 관광객이 많이 보인다. 나 역시 디즈니랜드를 방문할 때마다 마리(디즈니 캐릭터 하얀고양이) 모양 헤어핀을 머리에 하고, 어깨에는 마리 팝콘 통을 메고 디즈니를 즐기곤 했다.

디즈니랜드의 퍼레이드는 낮이고 밤이고 가장 인기 많은 관람 쇼다. 퍼레이드의 환상적인 쇼를 보고 있으면 축제의 거리에 와 있는 기분이 든다.

디즈니랜드에 가면 익스피어리에도 방문하라고 추천하고 싶다. 디즈니에서 운영하는 종합 쇼핑몰로 디즈니랜드 바로 옆에 있다. 쇼핑하다가 배가 고프면 두툼한 고기 패티와 아보카도가 들어간 '쿠아아이나' 햄버거를 먹어보자. 미주지역과 하와이에 있는 햄버거 매장으로 미국 이외에는 유일하게 일본에만 있다.

빵과 치즈는 원하는 취향대로 고를 수 있고, 버터 향이 나는 햄버거빵은 촉촉하고 고소하다. 신선한 야채와 어우러진 아보카도가 부드러운 느낌을 더해 준다. 소고기 패티의 맛이 진하게 나는 햄버거를 한 입 베어 물면 육즙이 줄줄 나온다. 많은 사람이 '인생 버거'라고 하는 이유를 알게 될 것이다. 한국에 돌아와서도 '쿠아아이나' 햄버거가 먹고 싶어서 일본에 가고 싶다는 생각을 한다.

아이와 노인이 행복한 곳

주말이면 공원 벤치에 앉아서 아이들이 뛰어노는 모습 보기를 좋아했다. 애완동물을 데리고 가족들이 함께 산책하는 모습도 자주 볼 수 있었다. 느린 삶을 즐길 줄 아는 일본인들의 모습은 보는 것만으로도 힐링이다. 벚꽃 피는 봄이면 오리배를 타고 공원 주변 구경하기도 즐겼다.

축제가 있는 주말이면 니시카사이역 주변 공원에서 아이들과 어른들의 웃음소리가 끊이지 않는다. 하와이언 전통의상을 입은 노인들과 아이들이 음악에 맞춰 공연을 보여준다. 춤을 잘 춘다는 느낌보다는 아이들의 귀여운 모습과 노인들의 열정이 감동적이다.

7살 정도 되어 보이는 어린 꼬마들과 할머니들의 춤을 본 적이 있다. 하와이언 전통의상을 입고 꽃을 귀에 꽂은 모습이 무척 예뻤다. 서로가 배려하며 음악에 맞춰서 두 명씩 손을 잡고 추는 모습이 할머니와 친손녀의 모습 같았다.

춤을 잘 추지 못해도, 박자를 못 맞춰도, 춤 동작을 틀려도, 너나 할 것 없이 즐거워 보였다. 나이에 상관없이 즐기면서 춤을 추는 모습에서 니시카사이는 아이들과 노인들이 살기 좋은 곳이라는 생각이 들었다.

또다시 일본에서 산다면…

어학원과 정규학교를 졸업하고 일본에서 만난 남편과 결혼을 하고 나서도 니시카사이를 떠날 수가 없을 만큼 그곳은 마음의 고향 같은 곳이었다. 아이들이 마음껏 뛰어놀 수 있는 공원과 가족이 함께 즐길 수 있는 주변 환경이 좋았다. 그렇게 나는 6년 동안 니시카사이 한곳에서만 살았다.

한국으로 돌아와서 8년이 지났지만, 디즈니랜드의 불꽃놀이를 베란다에서 볼 수 있었던 니시카사이의 아파트가 생각난다. 아침 7시면 집 앞 빵집의 갓 구운 식빵과 아메리카노 향기가 났다. 그 곳에서 느긋한 아침을 즐겨보고 싶다.

지금의 나는 5살짜리 개구쟁이를 키우며 일하는 워킹맘이다. 재무설계 강사로 일하면서 틈틈이 시간을 내서 책을 쓰고 있다. 글을 잘 쓰지는 못하지만 책을 좋아한다. 가끔은 재능기부로 자동차 디자이너를 꿈꾸는 아이들에게 디자인 강의를 한다.

만약 다시 일본에서 살아 볼 기회가 생긴다면 두말할 것 없이 '니시카사이'에서 살아보고 싶다.

내년이면 결혼 10주년이다. 10주년 기념으로 남편과 추억 가득한 그곳에서 아들과 함께 한 달 동안 살아보려 한다. 오랜만에 마리 팝콘 통을 들고, 놀이동산을 좋아하는 아들과 도쿄 디즈니랜드에서 마음껏 놀고 싶다. 햄버거를 좋아하는 남편과 익스피어리에서 '쿠아아이나' 햄버거를 입이 찢어지도록 한 입 베어 물고도 싶다. 꽃과 나무가 많은 니시카사이에서 자연을 마음껏 느끼며 아이와 함께 여유로운 한 달을 살아보고 싶다.

내가 사랑하는 동네 니시카사이에서 아이와 함께 좋은 기억을 만들 그날을 기다려 본다.

대마도

대마도를 탐하다!

김태우

일본을 노크하다!

몇 해 전인가 아키타현으로 여행을 갔다. 바라는 바가 있었다거나 목적한 곳이 있어 엉덩이가 들썩이는 따위의 징후도 없었는데 후배의 몇 마디에 떠나게 되었다. 짐작건대 오래전부터 즐기던 캠핑, 그리고 취미로 자리 잡은 트레킹과 등산이 원인이지 않았을까? 잠들어 있던 세포를 바락바락 일깨워 매주 어딘가로 돌아다니지 않으면 안 될 것 같아 급기야 아키타현까지 가게 되었다.

여행 정보를 찾으며 아키타가 지닌 천혜의 자연환경과 캠핑장, 등산 코스, 등산로가 첫 여행에 대한 긴장감을 설렘으로 변화시킨 것도 잠시, 언어 불안증이라는 신종 불안감이 모든 것을 압도하기 시작한다.

'일본어로 고맙다는 말을 뭐라고 했지?'

'미안하다는 말이 스미마셍이던가, 스마미셍이던가?'

그 불안감은 보기 싫은 내 뱃살인 양 일본에 도착하는 그 순간까지도 철썩 들러붙어 긴장감과 조화를 이루고 있었다. 손꼽아 보니 올해가 그로부터 7년째가 된다. 지금 생각해 보면 초조, 불안, 후회, 이유 없는 아니, 알 수 없는 설렘 등이 첫 일본 여행을 떠나던 당시의 느낌이다.

아키타에서 4박 5일을 보낸 후 귀국하는 비행기에서 꼭 다시 오겠다고 다짐했다. 이 다짐은 그로부터 3년 뒤 지킬 수 있었다. 그 사이 나가사키, 후쿠오카, 후쿠시마, 미야자키 등으로의 여행이 만들어 낸 익숙함 덕분에 첫 일본 여행에서 느꼈던 오묘한 감정들은 옅어졌다.

하루는 지인이 대마도 당일치기 여행이 인기라는 이야기를 해 주었다. 자신이 사는 곳 근교라면 모를까 대마도가 아무리 가까워도 일본인데 당일로 뭘 보고 오려나 싶었는데 부산에서 대마도까지의 거리가 49.5km라고 한다. 부산에 산다면 근교 섬으로 당일 여행을 다녀오는 정도일 것이다. 일본이긴 한데 당일치기가 가능한 가까운 거리의 일본이라니!

대마도, 그 화려함

덜컹!

배 밖의 부산한 소리가 끝나고 문이 열리자 스펀지가 물을 빨아들이듯 사람들을 끌어당겨 밖으로 퉁겨내고 있다. 대마도는 일본 본토 후쿠오카보다 부산에서 더 가깝다.

2박 3일간 사용할 장비를 넣은 85ℓ 배낭을 어깨에 짊어지고 배의 문을 나섰다. 갑작스레 쏟아지는 햇살이 너무 강렬해 사물을 분간할 수 없을 만큼 눈이 부셨다. 걸음을 멈추고 잠깐 배에서 선착장으로 이어지는 경사로를 바라보다 느릿하게 걸음을 옮겼다.

이런 눈 부신 햇살을 얼마 만에 느껴보는 걸까?

지금 생각해 보면 나의 첫 경험을 위한 대마도의 환영 방법이었던가 보다. 어쩌면 새로운 장소에서의 여행이 주는 설렘이나 기대감 따위가 작용한 것일지도 모른다. 혹은 원래 있던 것을 이전에 미처 인식하지 못했던 것이었는지도 모른다. 대마도의 첫 느낌은 눈부신 화려함이었다.

대마도의 또 다른 선물, 소소한 놀라움!

입국 심사를 마치고 터미널을 빠져나오니 예견된 막막함이 밀려들었다. 이 머뭇거림은 여행을 위해 아무것도 준비하지 않고 달려왔을 때 나타나는 증상이다. 해결 방법은 식당이나 카페에 가서 먹고 싶은 음식을 주문해 놓고 다음 일정을 생각해 보는 것이다. 식당으로 향하는 길, 세월이 남긴 흔적을 곳곳에 묻히고 마치 아기자기한 드라마 세트장인 양 깔끔하고 다소곳하게 자리 잡은 건물과 그보다 더 오래된 듯한 낡은 간판이 보였다. 테이블 중 하나를 차지하고 앉아 한숨을 돌려본다. 대마도의 소소한 놀라움 BEST 3을 꼽는다면,

○ 점차 사라지고 있다고는 하지만 대마도의 많은 식당은 실내에서 흡연을 할 수 있다
○ 걸어 다니는 사람 대부분이 한국 사람이다
○ 대부분의 차량이 경차다

빠르게 변화하고 새로운 것에 대해 끊임없이 관심을 갖는 한국, 한국인과 대마도는 달라도 너무 달랐다. 시간이 멈춰진 듯 일본 본토에서도 느끼지 못했던 슬로 시티의 모습이 대마도에 가득했다.

대마도 너, 못됐다!

첫 방문 이후, 대마도를 벌써 30여 차례나 방문했다. 짧게는 2박 3일 길게는 7박 8일을 뜨문뜨문 또는 연이어서 꾸준하게 방문하게 된 이유가 무엇일까?

제주도의 어느 숲길에서, 강원도의 깊은 산속에서 느낀 자연의 맛과는 다른 매력이 훌쩍 달려드니 피할 길이 없다. 숲으로 난 길을 차창 밖으로 보기만 해도 그 마력에 빠져든다. 그것은 너무도 강력하여 벗어날 방법이 없는 블랙홀과 같은 느낌으로 나를 옭아매기 시작한다. 어떤 이들은 우리의 산하와 대마도의 자연 중 어느 것이 더 좋으냐고 물어보는데 질문이 잘 못 되었다. 각기 지닌 매력이 아주 다르기 때문이다.

대마도의 숲은 우리가 알고 있는 숲이기도 하고 아니기도 하다. 언뜻 익숙한 숲이라 생각들 수도 있는데 자세히 살펴보면 또 다르다. 환경에 적응한 나무와 풀들이 그 나름의 형태로 삶의 방식을 가지고 있는데 우리네 숲과는 좀 다른 모습이다.

어느 날 난 사스나 지역의 숲길을 걷고 있었다.

지금은 많이 알려진 트레킹 코스가 되었지만 처음 대마도를 방문했을 때만 해도 이 숲길을 아는 사람을 찾기가 힘들었다.

사스나 등산로를 처음 갔던 당시에는 사람들의 발길이 끊어졌다고 했다. 현지에 사는 분에게 물어물어 어렵게 찾아간 사스나 등산로. 그 길을 걷는다는 것은 행복 그 자체였다. 이후 우연한 기회에 걷기를 좋아하는 분들을 모시고 그곳을 함께 걸었는데 그러한 대단위 트레킹은 지역민들이 보기에도 처음 있는 일이라고 했다. 그게 벌써 5년 전 일이다.

잘 닦인, 자연이 보존된 길을 온전하게 느끼고 즐길 수 있었다. 처음 그 길을 홀로 걸었을 때의 감동이 아직도 잊히지 않는다. '대마도에서 살면 어떨까?'라는 생각이 절로 들었다. 당시는 제주도의 아름다움에 빠져 도시 생활을 접고 내려가는 사람들이 화제가 되던 시절이었고 '한 달 살기'가 마치 붐처럼 일어나고 있었을 때여서 더 그런 생각이 들었는지도 모르겠다. 대마도에서 한 달 살기… 뜻하지 않은 고민과 마주하게 되다니.

'대마도 너 못됐다.'

경비를 줄이기 위한 선택, 캠핑?

캠핑을 무척 좋아해서 대마도를 처음 방문할 때부터 배낭에 캠핑 장비를 짊어지고 갔다. 캠핑은 불편하지만 낭만적이다. 캠핑으로 잠자리도 해결되니 부수적으로 경비 절감이 따라온다.

'신화의 마을'이란 예쁜 이름을 가진 캠핑장이 대마도에서 첫 번째로 내가 이용한 캠핑장이다. 신화의 마을 캠핑장이 보유한 신화는 바로 옆 '와타즈미 신사'의 신화를 의미한다. 와타즈미 신사는 바다의 수호신이자 풍요의 신인 '토요타마히메노미코토'를 신으로 모신 곳인데, 흥미로운 것은 바다에서 신사까지 다섯 개의 도리이가 이어져 있다. 마치 바다의 신을 신전까지 모시기 위한 길이라고 해야 할까? 밀물 때 바닷물에 잠겨있는 도리이를 바라보고 있으면 언젠가는 신이 바닷물에서 걸어 나올 것만 같은 느낌이 든다.

와타즈미 신사를 일몰 시간 즈음 방문하면 붉은빛을 띠는 하늘과 함께 내려앉는 어둠을 볼 수 있다. 정방향 서쪽이 아닌 데다 아소만에 있어 바다로 가라앉는 태양을 볼 순 없지만 곱게 물드는 하늘이 부끄럼 가득한 소녀의 바알간 볼처럼 어여쁘다.

캠핑장에서도 일몰의 아름다움을 감상할 수 있다. 더욱 엄격히 이야기하자면 일몰을 직접 보는 것은 불가능하다. 그저 일몰이 진행되고 있음을 바로 옆 와타즈미 신사와 함께 붉게 물드는 하늘의 고움으로 인지하게 된다. 손에 커피 한 잔을 들고 곱게 물드는 하늘을 바라보며 낭만의 싹을 가슴 속에 틔워내는 기쁨이 있다. 거기에 구름 몇 조각이라도 흐른다면 더할 나위 없을 것이다.

민숙, 민박, 호텔, 펜션을 이용한다고 일몰이 없는 것도 아니고 바다를 못 보는 것도 아니지만, 사서 하는 고생의 대표주자 캠핑에서 느끼는 소소한 즐거움은 모든 감정을 배가시키는 증폭기 역할을 한다. 거기에 경비까지 줄일 수 있으니 얼마나 좋은가!

고독을 진하게 즐긴 여행

배낭에 이것저것 챙겨 넣고 부산으로 가는 기차에 앉아 이번 여행 일정을 정리한다. 많은 것이 익숙해졌지만 배에서 내려 출입국 심사를 받고 대여한 차량의 운전석에 앉기 전까지의 기다림은 도무지 익숙해지질 않는다.

언제나처럼 대여한 차에 배낭을 싣고 마트에 들렀다. 나름대로 먹거리에 다양성을 줬지만 그래 봐야 고기 조금 빼고 나면 인스턴트 음식들뿐이고 술이라고 해봐야 맥주 몇 캔이 전부다.

캠핑장으로 가다 만난 만제키바시(万関橋, 만제키세토 운하에 놓여있는 다리) 위에 서서 빠르게 흐르는 물살을 내려다보다가 몸이 빨려 들어가는 것 같은 이상한 기분에 화들짝 놀라 호흡을 가다듬는다. 잠시 주저앉아서 쉬었다. 묘한 기분이다.

이번 여행은 현실 도피성 여행인 탓인지 시작부터 기대감이나 설렘 따위가 아닌 차분하게 가라앉은 몽롱함으로 가득해 내 마음은 우울함으로 전이되기 직전 상태다. 이런 기분으로 이곳 대마도를 찾은 것은 내게 익숙한 가장 먼 장소이기 때문일까?

캠핑장으로 들어서기 전 부근에 있는 에보시타케(烏帽子岳) 전망대에 들러 주변을 조망한다. 에보시타케 전망대는 대마도 내에서 유일하게 360° 조망이 가능한 장소로, 겹겹이 보이는 아소만과 산, 바다가 어우러져 장관이다. 물론, 대마도 최고의 뷰 포인트인 시라다케산(白嶽山)에 비할 바는 아니지만, 거의 근접한 멋진 장면을 만나게 되는 곳이다. 시라다케와 달리 접근도 쉽다.

에보시다케에서 일몰을 바라보는 것도 매우 특별한 경험이다. 늦은 시간의 방문이라면 조금 더 기다려 일몰을 꼭 만나야 한다. 어둑한 하늘이 등장하면 뒤를 따르는 히어로가 있다. 가로등이다.

가로등은 어둠을 밝혀 사물을 구분하게 해주는 안전과 보안을 위한 조명시설이다. 어떤 때는 그 자체로 반가움이나 따스함을, 또 어떤 때에는 외로움과 고독함을 대변하기도 한다. 항상 그 자리에서 제 역할을 묵묵히 하는 가로등 하나도 보는 이의 마음가짐에 따라 그 의미가 달라진다.

넓은 캠핑장에 가로등과 나만 존재한다고 생각하니 의외로 기분이 좋아진다. 남들이 이용하지 않는 시간이 아니라 이용하지 못하는 시간에 홀로 전세 캠핑을 즐겼다. 생각에 따라서는 매우 복된 날이었다. 거기에 비마저 내려 주니….

가끔은 홀로됨을 즐기기도 나쁘지 않다

홀로됨이라는 쌉싸름한 맛이 흙 마당 먼지를 일으키는 싸리비처럼 온 가슴을 긁어대고 있음을 고통으로 받아들이면 괴로움이다. 하지만 그 자극을 통해 잊고 지내던 감성을 일깨운다면 지극히 성공적인 홀로됨이지 않을까?

가끔 즐기는 혼자만의 여행은 삶의 자극제가 되어 새로운 도전에 임할 자세를 만들어 주기도 한다. 홀로됨을 쓸쓸함이나 고독감 따위로 표현해도 무방하지만 중요한 것은 그것에 안주해서는 안 된다는 것이다. 혼자만의 여행은 자신의 의지로 자신에게 새로운 에너지를 불어넣어 주는 신비스러운 경험이 된다.

그곳에 서면 희망이 솟는다

대마도에서 내게 감동을 준 대표적인 장소 중 하나는 시라다케산이다. 시라다케산은 해발 519m로 대마도 미쯔시마마치(美津島町)에 있다. 1923년 일본 국가천연기념물로 지정되어 관리되는 대마도에서 가장 멋진 산이다.

시라다케산에 오르기 위해서는 일반적으로 두 곳을 기점으로 하는데 가장 일반적인 들머리가 가미자카공원(上見板公園)이다. 이곳이 가장 선호하는 들머리가 된 것은 주차가 편리하고 깨끗한 화장실이 준비된 공원이기 때문이다.

또 다른 한 곳은 미쯔시마마치 스모(美津島町洲藻)로 들머리까지 좁은 숲길을 꽤 오랫동안 지나가야 하고 화장실이 없는 곳이어서 가미자카 공원과 비교해 환경은 열악한 편이다.

가미자카 공원에서 시라다케산 정상까지는 편도로 2시간 정도 소요되며, 스모에서 정상까지는 약 1시간 30분 정도로 스모를 들머리로 하면 거리는 짧아지지만, 난도는 조금 더 높아진다. 어느 쪽을 들머리로 삼든지 그리 어렵지는 않지만, 마지막 9부 능선은 매우 가파르므로 주의를 요구한다.

힘들게 정상에 오르면 절로 나오는 감탄사를 막을 방법이 없다. 아소만의 리아스식 해안이 한눈에 보이고 달음질치는 산과 산의 이어짐에 감동하지 않을 수 없다. 대마도의 모든 것이 이 장소에서 다 내려다보이는 것만 같아 강렬한 희열감에 휩싸인다. 서서도 보고 앉아서도 보고, 보고 또 봐도 질리지 않을 풍경에 감사함이 솟는다.

감동을 잠시 밀어놓고 정상에 앉아 짊어지고 온 커피나 음료를 마신다. 내가 앉은 곳, 내게 보이는 곳, 나에게 주어진 모든 상황을 음미하며 감사함의 두께를 키워본다.

일본에서 한 달 쯤 살아본다면 대마도에서의 한 달을 추천한다. 절대 후회하지 않는 선택이 될 것이다.

| 저자 소개 |

양영은 |

도쿄, 1개월 체류

외국계 IT 기업에서 근무하던 어느 날, 창밖을 물끄러미 바라보다가 디지털 노마드가 되고 싶어 마음속에 품은 사표를 대책 없이 질러버린 6년 차 프리랜서 영어 번역가. 직장인 보란 듯이 평일에 훌쩍 떠나는 여행과 어딘가 웃기면서도 따뜻한 글쓰기를 좋아한다. 좋아하는 건 잠자기, 게임, 영화, 쇼핑. 맛집 투어. 자본주의의 요정으로 오늘도 더 많은 택배 박스를 위해 열심히 일하는 중.

블로그 https://yangjakka.blog.me/
인스타 freelancer_yangjakka
이메일 yangjakka@naver.com

김민주 |

나고야 1년 체류 & 기후, 오키나와 각 1개월 체류

프리랜서 전문 번역가. 일어일문학과를 졸업하고 다양한 회사에서 해외 영업 및 무역을 담당했다. 현재는 프리랜서 일본어 전문 번역가로서 본격적인 번역가의 길을 걷기 시작해 출판, 관광, 게임, 산업 분야에서 활발하게 번역 활동을 하고 있다. 여행과 글쓰기를 좋아한다.

블로그 https://blog.naver.com/klkl1704
인스타 minju_kim_fy

김일숙 |

히로시마, 1개월 체류

10대 때 일본 게임과 애니메이션 등 서브컬처에 푹 빠져 한 치의 망설임도 없이 일본어 외길로 가겠다며 진로를 결정했다. 계명대학교 통·번역대학원에서 일본어 통·번역을 공부한 후 회사에서 구매와 통·번역 업무를 담당했다. 문득 인생의 방향을 수정하고 싶다는 생각에 퇴사 후 프리랜서 일본어 번역가가 되었고, 많은 이들의 마음에 와닿는 재미있는 글을 옮기고 쓰는 것을 새로운 인생 목표로 삼았다. 글과 음악, 영상과 같은 문화의 힘이 세상을 움직인다고 믿고 있다.

블로그 https://blog.naver.com/dew9071
이메일 kis10103@gmail.com

임지현 |

도쿄, 1개월 체류

대학교 졸업을 유예한 후 일본으로 한 달간 떠난 취업준비생이다. 한 달 동안 정처 없이 돌아다니며, 앞으로 펼쳐질 삶에 대한 이정표를 차근히 작성해 나가기 시작했다. 여러 방향으로 발걸음을 옮겨가며 다양한 경험을 하고 이를 소중히 간직하고 기록하며 일본 생활을 마무리 짓고 돌아왔다. 반점처럼 잠깐 쉬어 갔지만, 걱정거리에 대해서는 온점을 찍었으며 또다시 시작될 내 인생에 대해 첫 문장 쓰기를 앞두고 있다.

인스타 __rimm
이메일 jihyunor@naver.com

한정규 |

도쿄 & 고치, 4년차

한국에서 한국사를 전공했다. 한국 역사에서 절대 외면할 수 없는 일본과의 관계를 공부하면서 일본에 대해 좀 더 깊이 배우고자 뒤늦게 일본어를 익혔다. 공부를 마치고 반년간 도쿄에서 생활한 뒤, 일본의 지방 소도시인 고치현(高知県)에서 4년째 공무원으로 지내고 있다. 조금은 특별한 지금의 경험을 오래 기억하기 위해 매일같이 관찰하고 또 기록하려고 노력한다.

조은혜 |

도쿄, 4년 체류

도쿄에 있는 게임회사에서 일하겠다는 생각으로 스무 살에 유학을 결심, 일본어학교와 디자인 학교를 거쳐 1년간 도쿄 게임회사에서 근무했다. 이후 영국대학으로 편입, 현지 직장생활을 거쳐 20대를 두 섬나라에서 보낸 후 한국으로 귀국. 일러스트레이터 & 그래픽디자이너란 타이틀로 생업을 위한 일과 하고 싶은 일 사이를 갈팡질팡하며 생활하는 중.

블로그 http://blog.naver.com/slimekyo
인스타 komx2

전지혜 |

도쿄, 1년 체류

20대 초반까지 꿈도 없이 살다가 1년간 일본에 체류하며 꿈이 생겼다. 현재는 그 꿈을 이룬 6년 차 일본어 번역가. 언제 어디를 가든 노트북을 들고 사무실로 만들며 일하고 있다. 기술 번역뿐만 아니라 다수의 출판 번역도 진행 중인데 실용서가 대부분이라 언젠가 문학 번역가의 꿈을 이루고자 오늘도 고군분투 중이다.

블로그 https://blog.naver.com/meanstar6
인스타 ferriswheelchie
이메일 jihye-jeon@daum.net

이다슬 |

교토, 6개월 체류

관광이벤트학 전공자답게 여행을 통해 새로운 문화를 만나는 것이 좋아 지금까지 10개국 26개 도시를 여행했다. 첫 일본 여행에서 홈스테이 가족과 좋은 인연을 맺은 것이 계기가 되어 일본어 공부를 시작, 일본 교토 류코쿠대학에서 교환유학을 하였다. 유학하는 동안 교토 시내 웬만한 카페는 다 가봤을 정도로 커피와 디저트를 좋아한다. 일본 취업을 시작으로 언젠가는 영어도 마스터하여 세계를 돌아다니며 일하고 싶은 꿈을 가지고 있다. 적게 일하고 많이 벌기 위해서, 과연 내가 잘할 수 있는 일이 무엇일지 끊임없이 궁리하는 중.

인스타 dasxul
페이스북 www.facebook.com/daseul.1020
이메일 5322074@naver.com

박장희 |

도쿄 & 오사카, 2달 체류

대학에서 건축을 공부하다가 3학년 2학기에 이 길이 나의 길이 맞는 것인가에 대한 고민으로 휴학. 휴학 후 만화 《에키벤》을 보고 떠난 기차여행에서 일본의 매력에 빠져 한 달 살기를 계획, 도쿄와 오사카에 각각 한 달씩 머물렀다. 타고난 역마살로 일본 한 달 살기 도중에도 여러 지방 도시를 방문, 현재 친구들 사이에서 일본 여행 전문가로 통한다. 히로시마 미술관에서 2년간 풀리지 않던 설계의 답을 찾고 일본에서 건축을 공부하고 싶어졌다. 현재는 복학하여 일본 건축 대학원 진학을 준비하고 있다.

블로그 https://blog.naver.com/jhhhhhhing

이채안 |

이바라키현 미토시, 6개월 체류

고등학교 시절 일본어 선생님의 추천으로 일본 가요제에 나가게 되었다가 일본에 관심을 가지게 되었다. 대학 진학 후 교환학생을 거쳐, 일본계 기업 재직 4년 차에 과감히 사표를 던지고 프리랜서 일본어 번역가의 길로 접어들었다. 좋아하는 것은 글 읽기와 쓰기, 음악, 귀여운 소품 수집이고 장래 희망은 부자 번역가다.

블로그 blog.naver.com/hansol4511

이메일 surasuralife@gmail.com

최정은 |

오사카, 3개월 체류

보건계 종사 14년 차. 유일한 현실도피처인 일본을 마음속에 품고 지낸다. 일본 영화를 좋아하고 소설을 즐겨 읽는다. 직장을 다니며 짧은 일정으로 떠난 여행이 끝날 때마다 올라오는 아쉬움은 일본에서 살아보고 싶은 마음으로 커졌다. 생애 첫 혼자 여행을 떠났던 오사카. 짧았지만 강렬했던 기억은 오사카 살아보기를 결심하게 했다. 서른이 되는 것이 두려웠던 이십 대의 끝자락, 하고 싶은 일을 하나씩 해보겠다고 마음먹었고 가장 해보고 싶었던 일본에서 살아보기로 했다. 그때의 반짝이는 기억을 소중히 간직하며 오늘도 또 다른 일본을 찾아가고 있다.

블로그 https://blog.naver.com/bjrjs
이메일 bjrjs@naver.com

우소연 |

고베, 12년 차

한국에서 아동학과 졸업 후 유치원에서 일했다. 대학 시절 여행했던 고베의 아름다움을 잊지 못하고 고베에서 살게 되었다. YMCA전문학교에서 일본어 연수, 고베외국어대학교 박사과정을 거쳐 현재는 학교에서 한국어 강사로 일하고 있다.

인스타 shibata_sy
이메일 wsy0327@yahoo.co.jp

손경일 |

고베, 6개월 체류

영어가 싫어 일본어를 배우기 시작했다. 한국에서 1년 정도 일본어 공부를 한 후, 일본어 실력을 높이려고 일부러 한국인 학생이 적은 고베로 어학연수를 떠났다. 짧은 체류였지만, 주변에 한국인이 없어서 일본어 실력은 생각보다 많이 늘었다. 일본어가 늘면서 일본여행 가는 횟수가 많아졌고, 대학 전공을 완전히 버리고 여행업계에 취직, 경력 2년 차에 팀장이라는 초고속 승진을 하였으나 워라벨을 위해 1인 기업가로 변신했다. 현재 일본 자유여행 컨설팅 전문 여행사 '오모로이재팬'을 운영하고 있다. 주변에서는 덕업일치를 했다고 말한다. 지금도 신규 여행지 개척을 위해 수시로 일본 출장을 다니고 있다. 멘사 코리아 회원이며 일본여행 정보를 제공하는 개인 블로그를 운영하고 있다.

블로그 blog.naver.com/bluesky4316
회사 홈페이지 www.omoroi-jp.kr

윤수연 |

교토, 5개월 체류

일본 서브 컬처를 사랑하는 평범한 오타쿠. 일본어학과 재학 도중 교환학생으로 교토에 5개월간 체류했다. 대학교 졸업 후 프리랜서 번역가가 되기 위해 이력서를 뿌리면서 번역 대학원 진학을 준비하고 있다. 현재 일본 동인 만화 번역 블로그를 운영하고 있다.

블로그 https://blog.naver.com/kaku5225

임경원 |

도쿄, 8년 차

누가 뭐래도 마음만은 영원한 청춘. 유연한 미니멀리즘과 단샤리를 추구한다. 트렁크 하나만으로 충분한 호텔 생활을 꿈꾼다. 무일푼으로 도쿄에서 무작정 한 달 살기를 넘어 100달 살기에 도전 중. 지구에서 행복한 사람을 한 명이라도 더 늘리기 위해 연구하고 있다. 도쿄에서 7년을 보낸 후 일본어의 재미를 발견, 정말 일본어를 잘하고 싶다는 바람으로 일본어 놀이에 빠졌다.

블로그 https://blog.naver.com/imkyungwon
인스타 https://instagram.com/imkyungwon
페이스북 https://www.facebook.com/imkyungwon
이메일 imkyungwon@naver.com

김세린 |

와카야마, 1개월 체류

약 10년 전, 대학생 때 일본 방문 연수 프로그램에 참여하며 작은 도시 와카야마와 연이 닿았고 일본에 관심을 가지게 되었다. 틈만 나면 도쿄, 오사카, 교토, 홋카이도 등 일본으로 향했다. 영어 번역가로 일하며 주로 영상 번역, 문서 번역을 한다. 바쁜 일상에 쉼이 필요한 사람들을 위한 작은 카페를 준비하고 있다.

블로그 http://blog.naver.com/go_further_getter
이메일 serine1223@gmail.com

김연경 |

오사카, 1개월 체류

지금까지 살아온 인생에서 유일하게 푹 빠진 취미가 일본 문화 즐기기인 여자. 마음이 '취향 저격' 당하는 일이 좀처럼 생기지 않아 좋아하는 게 무엇인지도 모르는 심심한 인생을 살다가, 우연히 일본 방송을 접한 후 엄청나게 빠져들었다. 10년이 지난 지금도 일본과 관련된 것에는 항상 눈을 반짝이며, 여행, 뉴스, 만화, 패션, 요리 등 다양한 분야의 일본 문화를 만끽하고 있다. 학생 때부터 일본어를 공부하며 관련 업무를 하는 꿈을 키웠으나, 대학교 졸업 후 일자리를 구하기에 급급해 일본어는 잠시 잊고 그 당시 합격한 커피 전문점에서 5년간 일했다. 커피의 세계도 달콤했지만, 일본어의 매력을 잊지 못하고 현재는 퇴사 후 프리랜서 일본어 번역가로 활동하고 있다. 누구나 한 번 보면 빠져들 수 있는 흡입력 있는 번역물을 만드는 게 꿈이다.

블로그 https://inpikaaa.blog.me/
이메일 shoegirl0226@gmail.com

이미진 |

도쿄, 6년 체류

도쿄 커뮤니티 아트 스쿨(Tokyo community art school) 자동차 디자인과 졸업. 현재는 한화금융네트워크 한화생명에서 교육담당자로 일하고 있다. 『돈 없이도 하는 재테크』(라온북, 2015년), 『2016&7 한화생명 재무설계 이해』 등 사내교재 현장 집필 위원으로 활동했고, 『일본에서 일하며 산다는 것』(세나북스, 2018년)에 공저로 참여했다. 틈틈이 금융컨설턴트 및 자동차 디자인 직업체험 프로그램 강사로 아이들의 꿈을 키우는 일을 하며, 일본에서 만난 자상한 남편과 44개월 된 개구쟁이 남자아이를 둔 하루하루 열심히 사는 워킹맘이다.

블로그 https://blog.naver.com/latto80

유승아 |

도쿄, 한 달 차 (현재 일본 워킹홀리데이 중)

사진과를 졸업한 후 사진 일을 하면서 전공에 대한 고민으로 일본에 도피성으로 떠나게 되었다. '한국에서 이리저리 고민할 바에는 무언가라도 하면서 고민하자'라는 생각에 일을 그만두고 유일하게 관심 있던 나라 일본에서 워킹홀리데이를 시작한 지 한 달. 도라에몽을 좋아하고 블로그에 이것저것 기록하기도 좋아한다. 아직 크게 이룬 것은 없지만 '좋아하는 것을 하다 보면 무언가 되겠지'라는 마인드로 오늘도 즐거운 도쿄 생활을 해나가고 있다.

블로그 https://blog.naver.com/yo_osa
인스타 agnuesooy

김태우 |

일본에 장시간 체류한 경험은 없고 한국에서 작은 기업을 운영하며 아웃도어 활동을 즐기고 있다. 특별히 일본어를 학습하지 않았고 여행을 다니며 조금씩 알게 된 단어만으로도 여행에 필요한 의사소통이 가능하다는 사실을 알아버린 여행가다. 한국에서 캠핑, 백패킹, 트레킹, 등산, 카약킹 등을 좋아했던 탓에 일본 여행에서도 캠핑이나 백패킹을 즐겨한다. 가장 많이 다녔던 곳은 대마도로 첫인상이 너무 좋았기에 이후 잘 보존된 숲과 한적한 길을 걷기 위해 수시로 다니게 되었으며 기존에 알려지지 않은 다양한 길을 찾아다니며 추억을 쌓았다. 이외에 아키타, 와카야마 등은 트레킹과 등산을 위해 자주 방문하고 후쿠시마, 나가사키, 미야자키, 홋카이도 등도 여행했다. 본명보다는 '쿠니'라는 닉네임으로 활동을 하고 있다.

블로그 https://blog.naver.com/kooni
페이스북 https://www.facebook.com/ikooni
인스타 koonifunfun
카카오스토리 https://story.kakao.com/ikooni
이메일 kooni@naver.com

여행 같은 일상, 일상 같은 여행

일본에서 한 달을 산다는 것

초판 1쇄 인쇄 2019년 6월 12일

초판 1쇄 발행 2019년 6월 20일

지 은 이 양영은, 김민주, 김일숙, 임지현, 한정규, 조은혜, 전지혜, 이다슬, 박장희, 이채안, 최정은, 우소연, 손경일, 윤수연, 임경원, 김세린, 김연경, 이미진, 김태우, 유승아

펴 낸 이 최수진

펴 낸 곳 세나북스

출판등록 2015년 2월 10일 제300-2015-10호

주 소 서울시 종로구 통일로 18길 9

홈페이지 http://blog.naver.com/banny74

이 메 일 banny74@naver.com

전화번호 02-737-6290

팩 스 02-6442-5438

I S B N 979-11-87316-49-7 03980